国外城市规划与设计理论译丛

写给从业者的规划理论

［美］迈克尔·P·布鲁克斯　著

叶齐茂　倪晓晖　译

U0391730

中国建筑工业出版社

著作权合同登记图字：01-2006-3822号

图书在版编目（CIP）数据

写给从业者的规划理论 /（美）布鲁克斯著；叶齐茂等
译. — 北京：中国建筑工业出版社，2013.10
（国外城市规划与设计理论译丛）
ISBN 978-7-112-15697-9

Ⅰ.①写… Ⅱ.①布…②叶… Ⅲ.①城市规
划 Ⅳ.①TU984

中国版本图书馆CIP数据核字（2013）第184239号

Planning Theory for Practitioners
Copyright c2002 American Planning Associates.
Translation c2013 China Architecture & Building Press
All rights reserved.

本书由美国规划协会授权翻译出版

责任编辑：程素荣　率　琦
责任设计：董建平
责任校对：王雪竹　关　健

国 外 城 市 规 划 与 设 计 理 论 译 丛
写给从业者的规划理论
[美] 迈克尔·P·布鲁克斯　著

叶齐茂　倪晓晖　译
*
中国建筑工业出版社出版、发行（北京西郊百万庄）
各地新华书店、建筑书店经销
北京京点设计公司制版
北京云浩印刷有限责任公司印刷
*
开本：787×1092毫米　1/16　印张：11¼　字数：210千字
2013 年11月第一版　2013 年11月第一次印刷
定价：**38.00**元
ISBN 978-7-112-15697-9
　　　　（24508）

前　言

　　本书主要针对两类读者：一类是那些正在从事实际规划工作的人们；另一类是打算在未来从事实际规划工作的人们，即那些正在学习规划课程的学生们。这本书涉及两个论题，理论和政治，这两类读者一般对这两个论题会有些诚惶诚恐（如果几个读者同时拿起这本书，我们有可能听见集体的担忧）。

　　本书第一次涉及规划实践和规划理论的关系。然而，这里谈理论毫无疑问是为了应用，也就是说，这本书涉及了许多规划理论文献中的核心问题，当然，本书的重心是，规划理论文献中的那些核心问题影响专业规划师角色的方式。我将提出，规划理论对规划专业的身份感和使命感极端重要，所以，我们不应该轻视规划理论。当然，如果要引起规划实践者的关注，规划理论必须讨论规划实践者日常遇到的问题和挑战，这也是本书的一个主要目的。

　　本书也涉及规划和政治之间的关系。我将提出，规划师不需要对他们常常面对的政治过程忧心忡忡或感到沮丧。事实上，我们有利用这些政治过程让规划受益的各种方式。

　　在我职业生涯的最近这些年里，一直都在不懈地奔走着，我深切地认识到，自己有关规划专业的想法在多么大的程度上受到了成百甚至可能上千人的影响，这种影响既来自个人面对面的交往，也来自人们的著述。所以，我真不知道从哪里开始对那些影响了我思想的人们表示感谢。为了解决这个问题，我在这里提到一些可能对我专业发展影响最大的几个人：阿诺德·萧（Arnold Sio），科尔盖特大学杰出的社会学家和教师，他第一个让我接触到了一系列城市问题，让我知道了存在一个处理这类城市问题的专业；马丁·梅尔森（Martin Meyerson），一个早期的和突出的角色模范；杰克·帕克（Jack Parker），他比别人都了解如何在学生和大学规划课程校友之间建立起一个社区；拉里·曼（Larry Mann），他激励我更清晰地思考规划理论；保罗·大卫杜夫（Paul Davidoff），他是我心目中唯一的职业英雄。当然，还有许多人的观点对我也都是很重要的，但这五位构成了我的全明星队伍。

　　没有弗吉尼亚州立大学（VCU）给我一个学期的学术休假，这本书恐怕会永远留在脑子里了。我还要感谢弗吉尼亚州立大学城市研究和规划学院的同事们，他们在我休假期间，代我完成了教学工作，并给予我无可数计的其他方式的支持。

最后，我要感谢我的家庭，无论是过去还是现在——在我高强度的职业活动期间，给予我的容忍和合作。最重要的是，我要深深地感谢我的妻子安娜，她为这本书做了许多看得见和看不见的贡献，这中间至少不能没有她经常的督促："迈克，你从来就没有打算写这本书！"我想，这句话起作用了。

目　录

第三部分　公共规划不同范式介绍　61

第一部分

导　论

第1章
规划实践和政治权力

公共规划

　　这是一本关于规划的书，所谓规划，我的定义很简单，规划是我们试图塑造未来的方法。这里，未来涉及现在没有的任何事情。有计划行动的目标可能是短期的，如在一天剩下的时间里预计要做的事；有计划行动的目标也可能是长期的，如为了后代去保护重要的自然资源。按照这种方式定义的规划明显是一个普遍的人类活动。我们生活的每一天都可以表征为一系列场所、行动，以及那些至少在某种程度上讲，已经提前计划好的结果。当然，我们的生活还是充满着意外，总有一些始料未及的事件，这也是无可争议的事实。我们难以想象，一种完全没有意外的生活会是什么样，同样，我们也很难想象一个完全规划好的社区或完全计划好的社会。幸运的是，历史表明，即使碰到了意外，风险也不大。

　　为了每天的生活，我们每个人一定总有某种计划，我们身处其中的机构和组织也是一样。任何具有目标或使命，消耗一定资源的组织，总会计划如何使用它的资源，实现它的目标或使命。与计划相反的是，无目的漫游，在存在其他选择的情况下，几乎没有哪一个人或组织，会把他们的未来交给这样一个无目的漫游过程。

　　当然，这本书并不涉及个人和组织日常活动中的计划。这本书关注的是，公共部门中那些负责指导行政辖区未来发展的人们所做的规划，这些行政辖区一般是城市、城镇、县、都市区或其他州辖区内的区域。尽管这本书中所讨论的许多原则可能与较高层次（州的或国家的）规划相关，但是，这本书基本上还是集中在地方层次和都市层次的规划过程上，涉及城市地区规划、城镇规划、社区规划、区域规划，或这些类型规划的结合物（例如，城市地区和区域规划）。[1] 本书的中心是规划专业人士所承担的规划过程。❶

尽管不是全部，许多致力于公共规划的规划师都是由地方政府雇用的。除此之外，有一些致力于公共规划的规划师是在私人规划咨询公司里工作，这些公司以合同方式为行政辖区政府提供规划咨询服务。有一些规划师为私人非营利组织工作，其工作重心是住宅、经济发展、环境质量和其他一些社区问题。这种类型的专业人士比例正在提高，实际上，有些人还是大学的教授。当然，无论他们在哪里就业，大部分规划师所从事的公共规划，正是本书所说的公共规划，即他们正在处理公众关心的和涉及公众的问题。[2]

我在这里把规划看成一种专业，它果真有这个资格吗？这个问题一直争论了几十年，但是，现在看来，这个问题无可争议。需要专业训练，严格控制的成员标准，非成员（如律师和州里的律师协会）不得从事该项实践活动，如果从这些意义上来定义规划专业的话，肯定地讲，规划几乎算不上这种意义上的专业。另一方面，规划具有与专业相关的许多共同特征，如学科专业化的研究生课程、全国性的组织、杂志、会议，等等。成千上万的人在规划代理、组织或企业里工作，承担规划任务，在规划圈里与同行交流。无论我们把规划圈看成是专业的，或简单地看成一个学科或领域，都没有什么问题。在这本书里，我选择使用"专业"这个术语界定规划。

在确定规划专业的中心目的和论题方面，人们做了大量的工作。[3] 规划师应该把他们的工作限制在土地使用和形体的环境上，还是应该在他们的视野里包括广泛的社会经济问题？即使大部分规划师的日常工作主要是处理土地使用问题，他们还是在工作中考虑到了广泛的社会经济问题。通过规划师使用的方法，或通过规划方法所处理的那些现象，规划师有别于其他专业人士吗？合理的答案是肯定的，而且两者均是肯定的。在这样一个特殊的领域，例如，大量涉及交通或经济发展或综合地把握这些问题之间的关系，规划师应该具有专长吗？答案依然是肯定的，当然，作为个人的规划师，可能有所侧重；也就是说，规划专业从它本身的需要出发，既有专家，也有通才。

---

❶ 本书集中讨论的是"规划过程"，而不是"规划内容"。把这两个事物区别开来很重要。按照作者的意见，规划理论主要是关于"规划过程"的。所以，他在本章结尾说，"这本书的重心是放在规划过程上，而不是放在具体规划问题的内容上。"——译者注

1997年，"大学规划学院协会战略市场委员会"发布了一份供讨论的文章，其中列举了体现20世纪下半叶规划思想和实践的"通用论题"。[4] 这个委员会建议，规划领域集中关注：(1)"改善人居环境"；(2)社区各方面之间的"内在联系"（综合性论题）；(3)"随时间变化的途径"，涉及目标形成、预测和未来规划编制的过程；(4)"人居环境中的多样性需要和布局后果"，反映对社会和经济公正的关切；(5)"决策中的开放参与"，包括市民参与和代议制、协商和争议的解决、清晰的交流；(6)"把知识和集体行动联系起来"，承认规划专业的实际工作部门和学术部门之间的相互依赖，以及两者产生的知识的重要性。我认为这是一个很有意义的"通用论题"一览。

当然，用比较实用的话讲，现在，规划师面临着多种紧迫问题：适当的土地利用、市中心地区的复兴、街区振兴、郊区蔓延、增长管理、不适当的交通系统、经济适用房的短缺（和完全的无家可归者的居所）、空气质量和水质、正在衰败的基础设施（道路、桥梁、下水道系统、公共建筑，等等）、不适当的或过时的公园和娱乐设施，如此等等。另外一些规划师走得更远，其工作涉及犯罪、公共卫生、饥饿、经济开发、公立学校的选址和质量以及其他广泛的社会问题，究竟走多远，取决于他们有组织的联系范围。很简单，规划专业的范围与当今城市和区域所面临的一系列问题一样宽泛。

如果我们能够声称，一旦规划师处理了这类问题，这类问题就会有规则地和正常地得到解决，这当然再好不过了，然而，事实并非如此。之所以并非如此的一个理由，源于这类问题本身的性质。霍斯特·里特尔（Horst Rittel）和梅尔文·韦伯（Melvin Webber）提出用"恶劣的"这样一个术语来描述规划师们经常提出的那些问题。他们提出，恶劣的问题定义不确切，而且其说不一；在这些问题出现的原因上，人们常常缺乏共识；人们缺少明确的解决办法，甚至在决定什么时候解决方案已经实现的标准上，人们也缺少一致意见；这类问题与其他问题有着千丝万缕的联系。[5] 为什么我们不能解决无家可归的问题、犯罪问题或不适当的学校这类问题呢？简单的回答是，这些问题实际上都是恶劣的问题，它们大部分都在规划师的视野范围内。很少有规划师抱怨规划专业是乏味的。[6]

在提出这类问题时，规划师并非处在真空中；相反，在任何一个时代里，他们受到许多他们难以驾驭的外部力量的约束。美国的政治经济体制——资本主义民主，很大程度地影响着规划师的行动范围。空间位置十分关键，内城街区的规划与乡村型县的规划不同。美国的区域具有不同的政治文化特征，对规划的作用产生了独特的影响；实际上，在凤凰城、伯明翰、布法罗或明尼阿波利斯做规划，真的有些不同。经济周期的确对发展倾向具有重大影响，而发展倾向、地方行政辖区的增长率或衰退率，反过来又很大程度地影响着规划师的工作。[7]地方的权力结构也是影响很大的因素，弗朗辛•拉宾诺维茨（Francine Rabinovitz）对新泽西州若干城市所做的经典规划研究，描绘了不同规划方式最可能在那些具有可以辨认出"权力精英"的社区里获得成功，而对于那些政治权力比较混乱的社区来讲，情况正相反。[8]这些因素和其他一些因素构成了一组常常涉及一个特定城市或区域的"规划文化"特征，对于那些正在寻找工作的规划师来讲，应当严肃地考虑到这些特征，再做出应聘的决定（参见第 12 章对这个问题的进一步讨论）。

规划师提出他们所面对的那个社区的最重要的问题，这类问题常常是最直观的；这些问题一般都是恶劣的问题，这些问题的定义、原因和解决方案都相当困难；规划师受到大量外部影响因素的约束，而这些外部因素影响着他们的角色和所要承担的责任。换句话说，规划是一个高度政治性的工作，这正是我接下来要谈的一个问题。

规划和政治权力

花上 15 分钟时间，与一个规划师做一次谈话，询问他或她目前正在使用大部分时间来处理的项目，我们很快就会发现，这个项目涉及了政治问题。例如，我自己所在区域的规划师们最近提出的问题如下：

● 一个城市规划师已经做了好几年的工作，试图更新这个城市的综合规划，但是，一个以街区为基础的政治体制一直都在阻挠对城市综合规划的更新，这种以街区为基础的体制，让人们难以在城市范围内的问题上达成共识。大量的市民参与凸显了有关主要问题的广泛不同的观点。这个综合规划更新终究会完成，但是，它所花费的时间超出了人们的预料。政治斗争。

● 县规划师承担了把一条交通繁忙的大街开发成为一个商业走廊的规划任务，这条大街与两条商业街相衔接。现在，这条大街所在地区主要是居住区（甚至有些段落是乡村），但是，由于交通量很大，变更成商业街面临很大压力。沿街的房地产业主预计会因为这个规划变更而获益，所以他们强烈支持这个开发；相邻街区的居民则反对这项开发，并组成了一个市民抵制组织展开斗争。规划师们提出了一个妥协方案：允许在关键交叉节点地块上做商业开发，而其他地方依然保留居住特征。结果是，没有一个人高兴（除了地块处在交叉路口的那些业主们），斗争十分激烈。政治斗争。

● 一个区域规划组织领导了一个区域项目的目标确立过程，这个过程要求高度参与性。3月的一天，气候宜人，600多位各方代表聚集到地方大学校园里，听取发言，形成相关小组，寻找这个项目的关键问题。这一天的工作还是成功的，接下来，展开第二阶段的工作：在整个区域里展开一轮以街区为基础的会议。然而，始料未及的事情发生了。选择在街区层次参与进来的人们大多是对重大变革感兴趣的人。许多人很厌烦讨论区域合作，他们要求改变区域政府体制。没有什么值得大惊小怪的，这种改变区域政府体制的要求与区域机构委员们的设想不一致，这些委员们都是区域各行政辖区里选举出来的官员。所以，这个项目简单地不了了之了。政治斗争。

● 一所州立大学正面临着严重的预算压力，这所州立大学的校长决定编制一份该大学的战略规划。这项规划的中心放在课程上，而不是设施上，对于学校设施建设，另有一套规划机制。学校建立了一个由23人组成的委员会，称之为"大学的未来"（实际上是这个项目的规划委员会），由院系成员、学生和学校行政官员组成。一开始，大学社区的成员们怀疑这个项目，几乎没有在意；此类事情屡屡发生，结果是不了了之。然而，当这项规划的第一稿完成并流传开来时，人们的态度发生了改变。这项规划的核心是，列举追加资源的课程一览，称之为"提升课程一览"，而另外一个一览是要减少课时或完全终止的课程一览，称之为"缩减课程一览"，人们很快把它称之为"打击一览"。于是，顿时校园里迎来了一场轩然大波，项目的赢者支持这个规划，而项目的输家制定了许多策略（例如，争取杰出校友和捐献者的参与）以改变这个规划草案。这个规划最终得以通过，当然，第一稿上的许多内容都发生了改动。政治斗争。

● 一个大型娱乐公司试图把一个以历史为主题的公园建设在国家首都以西的富足的居住型县里。州长、县商界和大部分选举产生的官员们均支持这个项目，但是，大量市民、关心环境保护和历史的团体则反对这个项目。双方均拿出证据来推进他们的观点，专家的研究、媒体、名声显赫的国家组织和个人以及大量的资金都被拿来进行这场博弈。这样一来，县里的规划师就面对一个富有挑战性的任务。因为选举出来的地方官员支持这个项目，规划师不能选择反对这个项目，但是，规划师可以（甚至受到鼓励）与这家项目公司合作，保证该项目对这个县生活的其他方面产生的影响最小。但是，随着时间的推移，支持者和反对者之间的战斗愈加激烈了，最后，几乎令每一个人惊讶的结果是，这家公司撤销了这个项目。[9]政治斗争。

还有另外一些能够用来说明问题的例子：让开发商与居民发生冲突的分区规划，打算给无家可归者提供食物的教会，面对着周边中等收入街区居民的反对，乐于随处开设性用具和性录像商店的老板与周边居民的冲突。我毫不怀疑，本书的任何读者都可以列举他们行政辖区最近出现的类似规划问题一览。实际上，所有这些问题都包含着重要的政治成分。

在规划专业历史的早期，主流规划观念让规划仿佛成为一个纯技术性的工作，规划是应用科学的一个专业，实践的关键原则是合理性（我将在第6章详细讨论这个概念）。然而到了20世纪70年代，人们再也不可能采取鸵鸟政策，对规划过程强有力的政治性质视而不见。[10] 按照奈杰尔·泰勒（Nigel Teyior）的话来讲，"规划行动能够严重影响许多人的生活，因为不同的人和群体，基于他们不同的价值取向和利益，可能对如何规划环境持有不同的观点，所以，规划也是一个政治行动。"[11] 批准和实施规划需要政治支持，这一点越来越明显。正如亚历山大·加尔文（Alexander Garvin）所看到的那样：

> 依靠自身的力量，城市规划师做不了太多的事。改善城市需要房地产业主、银行家、开发商、建筑师、律师、合同方和所有与房地产相关的人的积极参与。改善城市还要求社区团体、民间组织、选举出来的和任命的公务员和市政府就业者的认可。他们一起提供金融的和政治的资源，让规划变为现实。没有他们，即使再好的规划也不过是一纸空文罢了。[12]

现在，人们已经广泛地承认了规划的政治性质，可是，许多规划师依然对规划的政治性质存有着一种矛盾的心理。[13] 认识到规划的政治性质是一回事，而在实际行动中具体考虑到特定的政治问题，则是另外一回事。规划师常常在他们工作的政治内容上准备不足，他们可能缺乏对政治制度的认识（忽视了），或者缺少在这个体制内有效行动的技巧（不适当的教育），或者拒绝承认他们被政治权力所左右（否认）。这一点当然是明显的，规划师与喧嚣的政治场合中的其他人有所不同。有些人依靠政治而生存 ["政治型"，伊丽莎白·豪（Elizabeth Howe）和杰罗姆·考夫曼（Jerome Kaufman）谈到过这个问题]；另外一些人选择把自己的工作重点放在计算机上或图板上（"技术型"），还有一些人二者兼顾（"混合型"）。[14]

规划师之所以对他们的政治角色存在矛盾心态的一个原因是他们固有的脆弱性。正如查尔斯·霍克（Charles Hoch）所提到的：

> 官方的公共规划在地方层次上具有一个从属的组织地位。在美国，规划师被推到了市民生活和公共文化的边缘。当规划师提出来自政府官员的意见时，缺少体制上的权威性，从而妨碍了专业规划师提出政治性意见。当规划师引发了私人目的和公共利益之间的冲突时，他们几乎在体制上得

不到支持。当规划涉及一些自由的资本主义社会自相矛盾的问题时，规划师不得不自行了断这个公共规划产生的冲突。[15]

如果规划确有其广泛承认的政治约束，规划师也确实在这个政治制度下存在脆弱性，那么，为什么人们还要选择这个专业呢？实际上，的确有理由关心这样一个问题，规划专业的政治性质并不鼓励一些青年规划师进入公共部门就业。

1997年，我在弗吉尼亚州立大学承担规划实习讲座课程，在这个讲座中，我鼓励城市和区域规划硕士课程的学生谈谈他们的实习经历，把实习经历与他们未来的事业联系起来。基于他们有关公共服务的一些意见，我组织这些学生做了一次非正式的民意测验。那一天，有12个学生参加，9个学生说，他们希望在私人规划企业工作（即那些规划咨询公司、私人的非营利组织、建筑或工程企业的规划部门）；3个学生说，他们还不确定。没有一个人表示他们会选择去公共部门工作。我对这个结果很惊讶，于是，我开始与他们交谈，希望弄清他们产生这种看法背后的理由。他们提出了如下这些问题：

● 我们的规划课程常常邀请规划实践者到课堂里来做演讲。学生们说，他们听到了太多挫折与失败的故事：项目不成功，规划不能通过或实施，不能成功地阻止有问题的开发项目，损害项目基本目标的妥协，等等。学生们抱怨，他们几乎没有听到几个成功的故事（有人提出，如果我不再邀请这类实际工作者来做讲演，就能够解决这个问题。我倒不认为这是一个好的解决方法）。

● 第二个相关问题是，大部分规划问题似乎都存在很高程度的矛盾——这类矛盾常常导致令人不愉快的事件。学生们对这种矛盾不寒而栗，以致他们得出这样的结论，政治过程具有太多的挫折。有些学生提出，他们宁愿为客户做些技术性的工作，让客户自己去考虑政治情势。

● 学生们认为，公共规划似乎缺乏影响力。规划、分区规划法令和其他一些规划机制显现出它们异常的脆弱性，具有充沛资源和政治权力的人们非常容易规避开规划或分区规划法令。规划委员会和以街或区代表为基础的市议会，似乎基本上是大城市、县或区域在开支方面保护选民利益的载体。

总之，学生们似乎是在说，"给我一套做好合理分析和编制规划工作所需要的工具，然后，给我在私人企业的方向指出一条路，这些私人企业雇佣那些能够操作这类工具的人。"到目前为止，我还不能确定这组学生的看法是否具有代表性，实际上，这12个学生中确实有几个在公共规划部门工作。我当然疑惑是否其他规划学院也发现了学生们类似的想法，我与其他地方同行的闲聊表明，他们那儿的学生的确也是这么看。例如，美国一所最著名规划学院的员工说，他们课程的许多学生都在私人非营利组织中工作，这些学生认为，这些私人非营利组织是产生具有创造性的和以价值观念为基础的规划的最好载体，而正是这类具有创造性的和以价值观念为基础的规划，把他们吸引到规划专业上来的。

当然，如果我们针对他们所从事的实际工作的性质，给予他们更多的指导，培养他们处理问题的能力，让他们熟悉公共部分规划实践，公共部门规划工作可能不会那么令人生畏。霍威尔·鲍姆（Howell Baum）提出，规划专业的研究生具有一种自然的倾向，吸收教授给他们模拟出来的角色，而不是吸收那些实际工作者表演给他们看的那些角色，实际上，大部分学生很快就会与那些实际工作者发生互动：

> 新的规划师常常期待他们的工作能够或多或少地涉及合理分析，解决那些相对确定的问题。实际上，他们发现了与其他专业人士、行政管理人员、选举产生的官员和社区团体之间的复杂关系。许多人难以在一定政治条件下做出决策或影响决策，许多人希望做一些稳定的技术性工作。显然，这样的规划师希望指导他们的研究，而不打算去互动和干预决策。[16]

很明显，我们需要关注这种情况；事实上，规划师就是需要做好互动和干预的思想准备。要想做到这一点，首先不要再把政治体制看成一种具有功能性障碍的外部干扰力量—— 有时，政治体制阻碍了我们有效率的工作——认识和采用与这种政治体制结合起来的规划策略，创造性地利用这个政治体制。

这就是本书的一个主要论点。我认为，的确存在这样一些策略，在规划师面临政治权力时，依靠这些策略，提高有效率的可能性。本书的第四部分和第五部分描述了最有可能显示出效率的策略和态度。当然，我们还是在第2章中先考察涉及规划和政治之间关系的基本问题。第三部分考察了在专业历史课程上给规划师提出的其他一些策略；我们将通过对一种政治环境下相关的和可行的规划实践的分析，对这些策略做出评价。

至此，读者应该明确，这本书的重心是放在规划过程上，而不是放在具体规划问题的内容上。不要指望通过这本书了解"新城市主义"或郊区蔓延、"精明增长"、可持续发展的城市，或规划师们试图解决与昨天、今天和明天的问题相关的其他任何论题。这本书强调了作为一种独特专业活动形式的规划的特有性质。其他专业涉及许多与规划相同的具体论题和问题。我认为，让我们有别于其他专业的是，努力解决这些问题和勾画出一个更令人神往的未来的方法，也就是说，我们的立足点是规划。

这一章所讨论的问题，都是构成规划理论学科的核心问题。下一章将考察规划理论在给规划实践者提供思想和指引方向上的作用。

★ 注释 ★

1. Since urban planners—present and future—are the primary intended audience for this book, I make no effort here to provide a history of the planning profession or to define it more precisely. Readers interested in such matters might want to consult Mel Scott, *American City Planning Since 1890* (Berkeley: University of California Press, 1971); Donald A. Krueckeberg, ed., *Introduction to Planning History in the United States* (New Brunswick, N.J.: Center for Urban Policy Research, Rutgers University, 1983); Krueckeberg, ed., *The American Planner: Biographies and Recollections*, 2nd ed. (New Brunswick, N.J.: Center for Urban Policy Research, Rutgers University, 1994); and Edward J. Kaiser and David R. Godschalk, "Twentieth Century Land Use Planning: A Stalwart Family Tree," *Journal of the American Planning Association*, Vol. 61, No. 3 (Summer 1995), pp. 365–385.

2. Since private organizations also plan, they too have employees who carry out this function, though usually without the word *planning* in their titles. Sound planning capabilities are considered, in fact, to be among the most important attributes of upper-level managers in the private sector. I will be gratified if any of the points made in this book are deemed useful to private planners, but they are not the book's primary audience.

3. A major vehicle for this discussion has been the accreditation program operated by the Planning Accreditation Board, a joint undertaking of the American Institute of Certified Planners and the Association of Collegiate Schools of Planning. Early efforts to identify a definitive set of knowledge and skills, mandated to be taught by every accredited planning program, have softened through the years in the face of the diversity that characterizes these programs. The current approach is more a matter of asking each school to explicate its specific educational goals, then assessing the extent to which those goals are being achieved.

4. See Dowell Myers et al., "Anchor Points for Planning's Identification," *Journal of Planning Education and Research*, Vol. 16, No. 3 (Spring 1997), pp. 223–224. For a related discussion of this issue, see Michael P. Brooks, "A Plethora of Paradigms?" *Journal of the American Planning Association*, Vol. 59, No. 2 (Spring 1993), pp. 142–145.

5. Horst W. J. Rittel and Melvin M. Webber, "Dilemmas in a General Theory of Planning," *Policy Sciences*, Vol. 4 (1973), pp. 155–169. For an interesting discussion of the "wicked problem" concept, see Hilda Blanco, *How to Think about Social Problems: American Pragmatism and the Idea of Planning* (Westport, Conn.: Greenwood Press, 1994), pp. 21–22.

6. For a useful—and, under the circumstances, reasonably upbeat—

discussion of planners' effectiveness as problem solvers, see Jill Grant, *The Drama of Democracy: Contention and Dispute in Community Planning* (Toronto: University of Toronto Press, 1994).

7. For a related discussion, see Nigel Taylor, *Urban Planning Theory Since 1945* (London: Sage Publications, 1998), p. 108.

8. Francine Rabinovitz, *City Politics and Planning* (New York: Atherton Press, 1969).

9. See Michael P. Brooks, "Getting Goofy in Virginia: The Politics of Disneyfication," in *Planning 1997: Contrasts and Transitions,* proceedings of the American Planning Association National Planning Conference, San Diego, Calif., April 5–9, 1997, ed. Bill Pable and Bruce McClendon, pp. 691–722.

10. Early arguments for a more political view of planning included those made in Dennis A. Rondinelli, "Urban Planning as Policy Analysis: Management of Urban Change," *Journal of the American Institute of Planners,* Vol. 39, No. 1 (January 1973), pp. 13–22; and Anthony James Catanese, *Planners and Local Politics: Impossible Dreams* (Beverly Hills: Sage Publications, 1974).

11. Taylor, *Urban Planning Theory,* p. 83.

12. Alexander Garvin, *The American City: What Works, What Doesn't* (New York: McGraw-Hill, 1996), p. 2.

13. For perceptive discussions of this ambivalence, see Howell S. Baum, "Politics in Planners' Practice," in *Strategic Perspectives on Planning Practice,* ed. Barry Checkoway (Lexington, Mass.: Lexington Books, 1986), pp. 25–42; and Karen S. Christensen, "Teaching Savvy," *Journal of Planning Education and Research,* Vol. 12, No. 3 (Spring 1993), pp. 202–212.

14. See Elizabeth Howe and Jerry Kaufman, "The Ethics of Contemporary American Planners," *Journal of the American Planning Association,* Vol. 45, No. 3 (July 1979), pp. 243–255; and Elizabeth Howe, "Role Choices for Planners," *Journal of the American Planning Association,* Vol. 46, No. 4 (October 1980), pp. 398–410.

15. Charles Hoch, *What Planners Do: Power, Politics, and Persuasion* (Chicago: Planners Press, 1994), p. 9.

16. Howell S. Baum, "Social Science, Social Work, and Surgery: Teaching What Students Need to Practice Planning," *Journal of the American Planning Association,* Vol. 63, No. 2 (Spring 1997), p. 182.

第2章
规划实践和规划理论

规划中的理论使用

我曾经说过，规划理论"是一种令许多规划师惶惶不安的术语；规划理论让人们联想到那些教授规划的人们所玩弄的深不可测的文字游戏，而那些教授规划的人们并不太了解从事具体工作的规划师们实际上正在做什么。"[1]罗伯特·博勒加德(Robert Beauregard)甚至描绘了一幅更加黯淡的画面，规划理论"名声一般不高。实际工作者几乎不使用规划理论，学生（就绝大部分而言）发现，规划理论偏离了学习如何做规划的主题，规划理论是一种需要忍受的课程，规划学术界一般还是容忍规划理论的。在学术界里，规划理论被边缘化了；在实践中，规划理论实际上被忽略了。"[2]

至少可以说，这种状况很遗憾。与此相反，在这本书里，我试图证明，一个完整的理论体系是规划专业的基本组成部分——这个理论体系既是理解规划究竟是什么的基础，也对从事实际规划的人们有所帮助。约翰·福雷斯特（John Forester）表达了类似的观点，他提出，规划理论"是规划师面临困境时所需要的；是条分缕析问题的另外一条途径，预测结果的一种手段，不断提醒自己什么才是重要的一个源泉；始终关注方向、战略和一致性的一种方法。"[3]

从更宏观的层面看，我认为，规划理论是我们规划专业的方法论部分；规划理论指导我们不断地考察自己正在做什么，如何做规划，为什么这样做规划，为谁做规划，达到什么样的结果。简言之，规划理论是一个对规划师角色做专业反省的平台。没有理论,我们就不会对我们所做的事情做出合理的解释。理论让我们的脚跟站得更稳;如果掌握恰当,规划理论会给专业规划实践提供道德的和行为的架构。"规划理论并非一种学术游戏,对于我们的规划专业身份感来讲,对于我们规划专业生涯的发展来讲,规划理论绝对是不可或缺的。"[4]

我们可以从许多方面来定义理论。这里,我们只要注意到两类理论的基本区别就够了。(1)实证性(有时称之为经验的或描述性的)理论,它试图解释两个以上变量之间的关系——概念、行动、对象、事件、性质,等等——从而预测暂时没有观察到的现象。一旦通过实践,检验了源于理论的假设,我们就可以证实、否认或修正这种理论。这就是科学研究要做的事情——精心设计、实施和控制的研究项目要做的事情。(2)规范性理论,为了产生期待结果,它描述了问题中变量之间的关系应该是什么样的。简而言之,实证性理论试图解释的是,事情如何运转,而规范性理论所要告诉我们的是,事情应该怎样运转。

我们还能把规范性理论进一步划分成两个子类。(a)道德性质的规范性理论,这种理论描述一种赋予的关系,因为从某些外部原则的角度看,这种关系是"正确的";我们应该采取行动 X,因为行动 X 将产生结果 Y,从原则 Z 的角度看,Y 是期待的结果。原则 Z 可能是一种价值观念(平等、公正、公平),或一个目前采用的决策标准(增加就业机会、控制蔓延、减少汽车拥堵)。(b)功能性质的规范性理论,这种理论本身是自足的,不需要外部原则。简单地描述一种做事情的方式,因为这种方式被认为是一种好的方式(比较可行,比较有成果,比较有效率);我们应该采用 X,因为 X 是实现任何一种 Y 的一种好方式,而不考虑为什么要实现 Y 的理由。[5]

规划专业已经提供了这两种类型理论的大量案例。例如,研究者们努力创造城市发展模型,以便预测改变交通模式对其他多种变量的影响(如人口密度、居住和商业开发、土地价值),在这个过程中,逐步建立起实证性的理论。过去几十年以来,规划研究变得越来越复杂,规划师们已经构造和测试了大量实证性理论,努力提高我们对城市和区域发展以及功能的认识。这种理论当然与规划的主题或内容相关;这些理论有别于那些与规划过程相关的理论,即我们这里所说的规范性理论。

道德性质的规范性理论常常给规划专业带来一些麻烦。一个问题就是,那些称之为合理规划原则的痼疾,它们以近似传统的观念为基础("每一个人都认为这是正确的"或"这一直以来都是规划的一个基本原理")。例如,规划师长期坚持这样一个原则,土地使用应该严格分区,以便保护房地产的价值,保证城市功能(交通流、商业和工业的组织，等等）有效运转。这样，规划师可能编制一个分区法令（X），实现严格的土地使用分割（Y），从而满足"土地使用分区"的原则（Z）。最近这些年，人们一直都在审视和挑战这个"合理规划原则"以及其他规划原则的有效性。

在现实中，"合理规划原则"是经得起实践检验的，所以，这些原则更适合于归纳到实证理论类中。实际上，无论一个特定的命题反映了实证的理论，还是反映了规范的理论，常常都取决于，如何从理论上解释这个命题，如何把这个命题提出来。例如，市民应该参与到规划过程中来（X），因为市民参与规划过程将使他们在决策中发出自己的声音（Y），市民参与规划过程是民主的基本特征（Z），这个命题并非一个经验命题。当我们做出民主参与的承诺，没有什么东西被检验过，这个命题仅仅反映了一种特定的价值观念。另一方面，如果这样提出这个命题：市民应该参与到规划过程中来（X），因为市民参与规划过程，将使他们在决策中发出自己的声音（Y），市民参与规划过程是成功实施一个项目所必不可少的（Z），那么，这个命题能够进行实践检验。例如，通过对高度参与和低度参与情况下项目实施的成功率进行比较，我们会发现处在实证理论的领域。前面提到的"土地使用分区"是要面对实践检验的；事实上，多年以来对这个问题的研究已经促使人们放弃了"土地使用分区"这个原则。

在我们的专业生涯中，应该注意区别这些命题，它们在本质上是我们价值观或伦理观的表达，或者它们是需要实践检验的，这一点十分关键。总之，我们应该始终清晰地区别我们的实证理论和我们的规范理论。

道德规范性理论让规划专业面临困境还有第二个方面。当今规划理论家所做的大量工作呈现出很强的"道德规范性"特征，它们反映并建立在特定的社会价值观念和政治价值观念基础之上。阅读这些文献的规划师一般都会被敦促在他们的专业活动中贯彻这些价值观念。当然，不考虑我们对一组特定的价值观念有何感受，一些重要的问题就提了出来：是否有一组价值观念构成规划专业的基础，以致所有的规划师都应该掌握？果真如此，这些价值观念是什么，这些价值观念如何得到执行？如果不是这样，我们如何决定什么样的价值观念应该主导任何一种情况？我将在第5章中讨论这些问题以及其他与价值观念相关的问题。

另外一种类型的规范性理论，即功能性质的规范性理论，在规划专业中也是十分显要的，但是，也许最近这些年里，功能性质的规范性理论在一定程度上有些削弱。在一个时期，功能性质的规范性理论成为规划理论和实践中的主导范式，承担起好样板的角色，我们称之为规划的行为合理模式（见第6章）；功能性质的规范性理论曾经被表达为，实现任何一个 Y、X 都是最好的。没有任何外部的价值或原则出现，我们的行为合理不过是因为这种行为对规划最好。当然，我们进入了后现代时代，有关这种方式功效的严肃问题相伴而生。事实上，价值观念居于所有规划的核心，所以毫不足怪，大部分现行的规划理论都具有道德性质的规范种类。

目的的不同，提出的规划理论有所区别。这里，我在关于规划的理论，属于规划的理论和为了做规划的理论之间做一个划分。(1) 关于规划的理论把它的作用集中放在特定的社会背景下，社区、国家、社会或政治经济；(2) 属于规划的理论试图阐述，规划实践的特征（例如，规划的交流效应，我们在第 9 章中讨论），它有时提出改善规划实践的建议，当然并非总是提出这类建议；(3) 为了做规划的理论，给规划实践者提出供考虑的模型或策略。[6]

在这三种方式中，属于规划的理论，与道德的规范性理论联系最为紧密，也是现在最为流行的一种规划理论。当然，另外两种方式还有使用潜力，我们不应该忽视它们。实际上，本书的第四部分所提出的策略，既涉及属于规划的理论，也涉及为了做规划的理论。

理论——实践之间是否有差距？

理论和实践之间是否有差距，取决于我们如何从理论上对这个问题做出解释。一方面，大部分当代规划理论的重心确实是放在规划师所做的事情上；在这个意义上讲，理论和实践是联系在一起的。但是，另一方面，在这座联系理论与实践的桥梁上，没有多少车辆在行走。大多数情况下，规划实践和规划理论构成了两个兴趣有别的社团，每一个社团有它自己的成员、交流论坛、沟通模式和其他一些内部的发展机制。[7]事实上，两个领域之间真正的交流几乎没有得到什么激励。[8]

当然，常常被描述为规划专业性质的历史转型与这个问题的某些方面相关。早期大学规划课程多为规划大师讲授，他们以现身说法的方式传授规划实践经验。当然，随着时间的推移，除非向学术方向发展，否则这类课程不会带来多少成功的喜悦，也就是说，使用学院里那些具有"适当学术文凭"（如博士）的教师来授课，开发高质量的研究和理论建设性的课程，发表有影响的学术成果。这样，大部分规划教育者的"首选群体"不可避免的是他们学术圈里的人，而不是那些规划领域的实际工作者。[9]

另外一个困难是，两个圈里的人使用不同的语言。奈杰尔·泰勒（Nigel Taylor）

一直把理论—实践差距追溯到 20 世纪 60 年代，那时，规划学术圈里使用"抽象的、高技术性的系统理论语言,讨论数学模拟、'最优化'之类的问题。那时,人们一般认为,关注比较宽泛的系统问题的规划理论与夜以继日纠缠在数不清的案例中的地方规划师无关。"[10]事实上，如果我们把一位地方首席规划师带到规划学院协会的年度会议上（这是最大的规划教育者大会），参加规划理论学术讨论会，这位地方首席规划师会感到，一种异类正在发言。

理论家和实际工作者的重心并不一定要放在同样一组问题上。作为理论家的博勒加德从他自己的角度写道，"我心目中理想的实践者会考虑，行动的认识论基础、宽泛的历史、资本主义民主制度内部的关系、难以捉摸的空间属性和不可解决的社会冲突。当然，通过实践者的工作，社区某个方面变得比较好些，我们就满意了。"[11]

并非只有规划行业存在这种理论和实践之间的差距。事实上，大部分学科的理论建设一方和实践一方之间都有这类差距。博勒加德的观点得到了反应。例如，小说家和律师斯科特·图罗（Scott Turow）在 1988 年的《纽约时报》杂志上撰文抱怨，法学院并不是"律师学院"，除开集中实践训练的一些课程外，法学院几乎没有把重心放在运用法律上，相反，法学院"大概是在训练法律学者"，似乎期待法学院的学生"像法学教授那样思考问题"。[12]

> 从事实际工作的律师很少首先考虑对法律做大扫除和法律的合理发展。从事实际工作的律师考虑的是，他们的客户需要，如何应用或使用法律以达到既定的目标……大部分法学教授并不从事具体工作，有些甚至从未从事实际工作，也没有打算从事实际工作。他们的重点集中在学术上：对法律做出尖端的修正，撰写法律评论文章，分析令人烦恼的法律问题。法学院是法学教授想象出来的世界。[13]

图罗做了这样的结论,法学院"能够而且应该灌输的是","一种互助行事的感觉,一种敬业的想象，以这种困难的和庄严的称谓为荣的自由。"[14]许多从事具体规划工作的规划师不难对规划学院得到与图罗相同的结论。

我们还能就这种理论和实践之间的差距，提出其他的原因和 / 或效应。贯穿 20世纪 70 年代,规划学院协会（ACSP）一直与美国规划学会（AIP）一起举行年会（通常利用周末）。那时，美国规划学会是美国专业规划师的唯一组织。参加规划学院协会会议的大部分人是大学规划学院课程管理者，40 个课程中大体有 20 个可能认为是成功的。然而，20 世纪 80 年代早期，规划学院协会独立发展了自己的会议，扩宽了参会人员，包括规划学院的所有成员，把这种会议转变成为学者或其他学术成员的学术论文宣讲论坛（这些论文一般都处在待发表状态）。而到了世纪交替的那几年，参加这个会议的人数达到 800 人，注册参会的规划教育者达到 1000 人。规划学院协会的会议与美国规划学会的会议分开是与规划学院协会的组织扩大和成熟分不开的。另一方面，这样做是有代价的，即增加了教育者和实践者之间不可避免的差距，两者不再相聚了。几乎没有几个人呼吁返回到 20 世纪 70 年代的那种方式——美国规划学会和规划学院协会的会议太成功了，以致相互"不需要"对方——但是，这种会议出发点的分离实际上显示了理论和实践之间的差距。当然，相当数量的规划教育者参加了美国规划学会的年会，当然，我猜想，在这些聚会上，规划理论专家的人数一定相当少。除非特别邀请参加特殊小组、项目或委员会会议，几乎没有几个规划实践者参加"规划学院协会"的会议。

规划专业的这两个分支一般依靠不同的兴趣和观念交流平台。在准备写这本书的时候，我就把我的任务之一确定为，对规划专业主要期刊过去 15 年以来的内容做一个梳理，有关作者和读者的确给我留下了深刻的印象。《规划》是美国规划学会的月刊，主要由规划实践者（或关注规划实践的专业作家）撰文，读者对象是从事具体规划工作的人员；这些文章都是具体的和易于理解的。《规划教育和研究杂志》（由规划学院协会主办）和《规划文献杂志》主要由学术工作者撰文，也是针对学术工作者而撰写的。从某些方面讲，《美国规划协会杂志》（JAPA）最接近混合；它的大部分文章（并非全部）都是由学术工作者撰写的，而主题更接近于应用，许多作者努力在理论和实践之间做沟通。当然，从事具体规划工作的人员偶尔抱怨，《美国规划协会杂志》太理论化或太深奥了。

并非所有的抱怨都是规划实践者指向规划学术工作者的。规划学术工作者也时常抱怨，规划实践者缺乏适当的价值观念或技术和政治训练，缺乏深度分析，缺乏反思，缺乏对学术研究成果和理论建设的适当认识。实际上，一个当代规划理论学派——批判的理论家——正在致力于对资本主义社会的规划实践活动进行系统的批判（第 3 章）。

当然，这种理论和实践之间的差距有时明显加大，如果因此而得出这样的结论，规划理论和规划实践最终是不相关的，那当然是非常错误的。正如前面提到的那样，理论提供了规划专业得以建立的基础。而且，现代理论的大部分内容都集中在实践上。同时，规划理论家也不一定总是针对规划实践者来阐述规划理论的观念，他们阐述规划理论也不一定会对规划实践者产生综合性的和实践的意义。大部分规划理论探讨的都是规划理论圈内的事，也就是说，规划理论家之间对此进行探讨，共享他们的共同兴趣。毫无疑问，这并不是什么值得非议的错误；实际上，规划理论圈内的探索是一个理论体系发展的必要因素。当然，应该找到更广泛对话的渠道，让那些分析规划工作的人们能够主动地参与到实际的规划工作中来，而不只是把纯学术研究和发表论文作为自己的工作目标。

当前的规划理论

当前的规划理论有哪些主要特征呢？不像原先那样，过于专注制定应该如何编制规划的模型和战略，即功能性质的规范性理论。在许多种形式的规划理论中，合理化模型曾经明显属于这样一类规范性理论。人们已经不再相信存在操作范式的合理性（至少在理论文献中如此），但是，一直还没有出现替代合理性的范式。现在，规划理论的注意力转移到关于规划的理论和属于规划的理论。例如，最近出版的一本《规划理论阅读文献》的作者们认为：

> 规划理论的中心问题是：在资本主义政治经济和民主政治体制中，规划在城市和区域发展中发挥什么作用？这里强调的不是发展一种模拟的规划过程，而是强调，在美国和英国对应政治经济体制分析基础上，找到一种对规划实践的解释。我们努力确定，塑造规划师们影响城市和区域环境能力的历史和结构性的力量和战略机遇。[15]

实际规划工作者可能发现或没有发现这个"中心问题"的意义。当然，朱迪思·英纳斯（Judith Innes）认为，实际规划工作者应该认识这个"中心问题"的意义。这些年来，尽管规划理论已经变得更为"植根于规划的现实事物中"，但是，规划理论并非太多地刻意去说应该怎样做规划，而更多地是以细致入微的方式告诉我们，"那些种类的规划实践已经在运转，允许读者从他们的实际情况中吸取他们自己的经验教训。在更大程度上讲，现在的规划理论旨在帮助规划师审视他们究竟做了什么，而不是他们提供了什么解决方案。"[16] 我们必须对这样的问题做出反应：我们常常总结这类经验教训吗？规划师们感觉到这类规划理论对他们有所帮助吗？

当前规划理论的第二个主要特征是，采用了明确的"后现代"的世界观。有关"后现代"的定义林林总总（就像不同专业对此术语的使用一样）。当然，后现代世界观的中心观念与规划的联系还是比较明显的。现代主义的时代是一个秩序性、综合性、合理性和预见性的时代，我们能够利用科学和技术来解决我们的主要问题，因此，现代主义的时代具有乐观主义的特征，是合理规划的鼎盛时期。当然，20世纪70年代和80年代，人们越来越认识到，我们的社区（以及其他社会层面）不能按照合理规划模型的规范去运作。规划问题是"恶劣的"，具有不可预测性，利益集团之间的差别不可调和，缺少明确的解决方案，具有一般意义上无序的等特征，那时，新的社会、经济和政治组织形式正在出现，新的声音正在出现，对专家的意见表示怀疑，有了新的"有意义参与"的需求，日益增加了对政府行动的期待。[17] 当前规划理论研究的很大一个部分内容涉及，对规划师的功能来讲，后现代主义的意义何在。

后现代规划理论的一个重大主题一直都是，强调规划师的话语与行动的交流效果；我将在第9章讨论这种方式。另外一个主题一直都是针对规划的错误、无效和不公正等方面的问题，这个论题源于上述的批判性理论家，他们集中关注规划的"阴暗面"（第3章）。另外一种论题期待在规划理论中增加一些新的声音，特别是妇女和有色人种的声音。[18]

当前规划理论的支配性主题与规划实践者有关系吗？肯定和否定兼有。就肯定而言，这些主题包括了与规划实践性质和质量相关的问题，包括了改善我们社区生活质量中规划的作用问题。就否定而言，尽管大部分规划理论集中在规划实践上，但是在最终分析上，大部分规划理论倾向于谈论的基本上还是非规划实践问题。如前所述，规划理论家必须更有效地致力于与规划实践者的双向交流，这样，规划理论上的收益才能与学术圈外的那些规划实际工作者共享。吉尔·格兰特（Jill Grant）很好地说明了这一点：

> 在建设一个实践的理论时，我们将需要阐明对社区规划中所发生的事物的认识。解释应该既让实践者明白，也让学者明白。理论一定要具有实践意义。实践的理论应该考虑到规划师、市民和政治家在社区规划中的作用。实践的理论应该澄清决策的性质以及说明通过规划活动传递的价值观念和意义。实践的理论应该揭示规划生成的关系。[19]

我希望这本书能够满足格兰特的标准。这本书的目的是，在理论和实践之间架起一座桥梁，这是我在编撰本书时的一种愿望，正像我们将看到的那样，理论是实践者正在参与其中的理论。因为规划理论是我们规划专业的目的和身份的基础，所以，随后的章节将考察大量的理论素材。当然，我们是通过实践的角度看待这些理论素材的。当我们考虑一个特定理论时，分析的问题是：这种方式在什么程度上能够帮助在地方社区的政治环境中从事实际规划工作的规划师？

★ 注释 ★

1. Michael P. Brooks, "A Plethora of Paradigms?" *Journal of the American Planning Association*, Vol. 59, No. 2 (Spring 1993), p. 143.

2. Robert A. Beauregard, "Edge Critics," *Journal of Planning Education and Research*, Vol. 14, No. 3 (Spring 1995), p. 163.

3. John Forester, *Planning in the Face of Power* (Berkeley: University of California Press, 1989), p. 137.

4. Brooks, "Plethora of Paradigms," p. 143.

5. It might be argued that efficiency, say, can be viewed as an "external principle" in the light of which a given Y is judged, thus rendering my distinction invalid. Note, however, that I have used efficiency as a criterion for assessing the quality of the way in which we move from X to Y, not for assessing the quality or value of Y itself. Functional normative theories care little about the nature of Y; it is the means of getting to Y that counts. Ethical normative theories focus on the end result; often, alternative means are evaluated solely in terms of their ability to produce the result desired.

6. Numerous other categorizations of planning theory have been suggested; see, for example, Leonie Sandercock and Ann Forsyth, "A Gender Agenda: New Directions for Planning Theory," *Journal of the American Planning Association*, Vol. 58, No. 1 (Winter 1992), pp. 49–50; and Ernest R. Alexander, *Approaches to Planning: Introducing Current Planning Theories, Concepts, and Issues*, 2nd ed. (Philadelphia: Gordon and Breach, 1992), p. 7.

7. Many planning educators belong to an electronic mail network called PLANET, which serves as a useful vehicle for the exchange of information and views. A recent request for assistance, issued by an assistant professor in a major planning program, was worded as follows: "Can anyone recommend to me a source of planning case studies? I am trying to identify cases that can introduce to students the types of problems planners face." The objective here is commendable, but it does illustrate the gap that I am describing.

8. An early and perceptive treatment of this issue is found in Judith Innes de Neufville, "Planning Theory and Practice: Bridging the Gap," *Journal of Planning Education and Research*, Vol. 3, No. 1 (Summer 1983), pp. 36–45.

9. Sociologists use the term *reference groups* to indicate those groups to which we look for acceptance and approval—and, conversely, whose disapproval or rejection would concern us most deeply.

10. Nigel Taylor, *Urban Planning Theory Since 1945* (London: Sage Publications, 1998), p. 64.

11. Beauregard, "Edge Critics," p. 164.

12. Scott Turow, "Law School v. Reality," *New York Times Magazine*, September 18, 1988, p. 71.

13. Ibid. Howell Baum makes similar points in "Social Science, Social Work, and Surgery: Teaching What Students Need to Practice Planning," *Journal of the American Planning Association*, Vol. 63, No. 2 (Spring 1997), pp. 179–188.

14. Turow, "Law School," p. 74.

15. Scott Campbell and Susan S. Fainstein, eds., *Readings in Planning Theory* (Cambridge, Mass.: Blackwell

Publishers, 1996), pp. 1–2. Emphasis in the original.

16. Judith E. Innes, "Challenge and Creativity in Postmodern Planning," *Town Planning Review*, Vol. 69, No. 2 (April 1998), pp. viii–ix.

17. For discussions of postmodernism and planning, see Innes, "Challenge and Creativity," pp. v–ix; Allan Irving, "The Modern/Postmodern Divide and Urban Planning," *University of Toronto Quarterly*, Vol. 62, No. 4 (Summer 1993), pp. 474–487; Robert A. Beauregard, "Between Modernity and Postmodernity: The Ambiguous Position of U.S. Planning," in Campbell and Fainstein, *Readings in Planning Theory*, 213–233; and George Hemmens, "The Postmodernists Are Coming, the Postmodernists Are Coming," *Planning*, Vol. 58, No. 7 (July 1992), pp. 20–21.

18. See, for example, Leonie Sandercock, "Voices from the Borderlands: A Meditation on a Metaphor," *Journal of Planning Education and Research*, Vol. 14, No. 2 (Winter 1995), pp. 77–88.

19. Jill Grant, *The Drama of Democracy: Contention and Dispute in Community Planning* (Toronto: University of Toronto Press, 1994), p. 219.

第二部分

公共规划基础

★

第3章
规划批评的挑战

　　我们将在第4章里展开对公共规划的评论，特别强调公共利益，提出证明公共规划的有效性和公共规划需要的若干概念。这个评论将会让我们去考察规划过程中价值观念和道德观念所发挥的重要作用。在此之前，我先回顾对公共规划持批判或怀疑态度的那些人究竟是如何看待公共规划的。我发现回顾这些人的观点是考察我们社会规划功能的很有意义的途径。如果所有的规划师不可能应对这些观点，那么，他们应该立刻寻找其他的工作，这本书也就不要再写下去了。毋庸赘言，在我看来，这些观点对重新撰写我们的简历来讲，没有一个足以令人信服。

　　如果计划真是一种无处不在的人类活动，那么，为什么任何一个人都会反对规划呢？这种批评当然不是针对我们日常生活中所做的那些计划，而是针对由政府承担的那种规划，政府使用这种规划去塑造他们行政辖区的未来。这种规划的性质本身，实际上确定了人们对规划会产生顾虑，甚至在某些地区激起愤怒的反抗，因为规划常常涉及明显的和矛盾重重的问题。我曾经按照他们的基本责难归纳了这些观点，即规划是危险的，规划是不可能的，规划是无效的，规划是居心不良的，或规划是不合法的。这些责难可能会有重叠部分，但是，它们的中心观念还是有区别的，所以我们可以分开讨论。

规划是危险的

　　新教伦理，"严格的个人主义"精神，强调个人创业的资本主义体制，这些东西在 19 世纪得到了长足的发展，充斥了美国的历史和传统，这些东西可能与作为具有法律效力的政府的规划相对立。私人规划不是问题，例如，当公司开发新产品，确定适当的市场战略，找出与别的企业成功竞争的战术时，没有谁会对公司的规划提出问题。另一方面，公共规划则是不同的问题。最好没有政府的选择，其实不是当代的看法，最好没有政府的选择是自美国建立以来的美国国家精神的一个部分。

直到 20 世纪 30 年代的"大萧条"发生，美国人才开始普遍怀疑自由放任资本主义的"看不见的手"是否真能推动美国社会向前发展。20 世纪 30 年代的国家经济状态向许多人提出，至少需要适度的中央计划和定向，与此同时，世界其他地方所发生的事件又让其他一些人担心计划。我们能够把 20 世纪四五十年代期间出现的反对计划的文献看作是对欧洲极权主义浮出水面的反应。总而言之，中央计划似乎与纳粹、法西斯和共产主义运动的发展紧密相连，如德国、意大利和苏联。[1]

概括地讲，那些人把计划看成是一种危险的观点无非基于如下几点。首先，除非为了效率，否则没有什么理由去做计划。然而，效率要求中央权力的集中，这就不可避免地导致丧失个人自由。不能保证管理中央计划机制的那些人会去行使王道；事实证明，他们常常是霸道的。原则上讲，政府应该把计划交给私人，他们在寻求自己福祉最大化的时候，对作为整体的社会的最大利益做出贡献。

在有关规划作用的学术论文中，这个命题时而上升，时而低落，反映作者所处的时代和政治方向。当然，在大多数情况下，美国人现在不再担心计划具有必然导致极权主义的危险（当然，有少数人还坚持这种看法，因为他们关切地方规划的合法性）。现在的问题没有太多地涉及规划是否应该发生，而是涉及如何制定规划，谁应该包括到规划的编制中来，他们具有何种能力。

自"大萧条"以来，美国人的规划经历可能已经消除了人们对规划具有危险潜力的担心。地方政府在规划的旗号下开展大量活动时，反规划思潮所预测的可怕后果并未出现，至少人们担心的洪水猛兽没有出现。自由当然总是一个程度问题，为了行使对社会的控制，必然会牺牲一定程度的个人自由。关键问题是：我们可以承受牺牲多少自由，才能让政府的规划功能发挥出来？假定没有围绕这个问题而展开的公众争论，那么我们看到的是，美国的规划，尤其是在地方层面，并没有超出大多数居民可以忍受的限度。然而，有些人提出，正是因为规划无效率，或一直都是"拉郎配"，这样的规划并不对谁构成实际威胁，所以人们可以接受它。现在，让我们看看这种观点。

规划是不可能的

　　1973 年，加利福尼亚大学伯克利分校公共政策研究生院的院长亚伦·韦达夫斯基（Aaron Wildavsky）发表了题为"如果规划是每件事，规划可能什么都不是"[2]的文章。简单地讲，他的观点是，规划要有效，必须指导政府决策，也就是说，规划必须控制；否则，规划没有理由存在。然而，在现实中，规划从未成为主导，因此，规划很少成功或准确地预测未来。与此相反，在安排未来时，不管这类计划原来如何，规划总是不断地得到调整，以反映已经出现的现实。规划没有实现它的基本目的。规划师所推崇的概念，如合理性、协调和效率，都是陈词滥调；这些概念没有一个真正在规划师的掌控中。若干标榜为"有计划的经济"都没有呈现国民经济计划成功的案例。总之，规划师们似乎从未做过什么正确的事情，在很大程度上讲，这是因为他们自诩的作用根本就是不可能发生的。即使规划真是可能的，规划也不是可以指望的。归根结底，继续支持规划的那些人之所以这样做，没有什么理由，不过是一种信仰罢了，因此，规划"并非一个社会科学家的主题，而是一个神学家的主题。"[3]

　　在这篇文章发表后不久，伊利诺伊大学厄巴纳 - 香槟分校邀请韦达夫斯基做一个讲演，我当时是城市与区域规划系的主任。他详述了这篇文章的论点，要求我做他的应诉方（在这种情况下，类似于一只替罪羊）。我提出了三点反驳。首先，我认为，他以要么全有要么全无的方式描述规划；如果一个规划不是完全成功的，不是完全控制的，那么在他看来，规划就是完全不成功的。我说，这种看法忽视了绝大多数情况，在绝大多数情况下，规划努力促成结果，而不一定"控制"这些结果。规划师提供信息，产生观念和计划，参与（有时甚至于是管理）决策过程；简而言之，他们在许多方面发挥着作用，达不到完全控制，即使规划师真能做到这一点，他们也未必这样做。韦达夫斯基所采用的策略是，创造一个十分容易就摧毁掉的稻草人。

　　第二，韦达夫斯基的分析几乎是集中在国家层面，然而，在美国，尽管联邦政府各个部、代理机构和项目为了完成它的使命，必须做出规划，但是，国家层面的规划从来就不是一个流行的概念（20 世纪 30 ～ 40 年代可能是一个例外）。另一方面，在地方层面，规划是可以接受的，并且也已经完成了大量的工作。

　　这就引出了我的第三个观点，韦达夫斯基忽略了这样一个事实，计划是一个普遍的活动，事实上，每一个组织和机构，为了完成它的使命，保持它的存在，必须不断做出计划。如果规划真是虚无的东西，那么，他如何提出任何组织应该制定关键运行决策呢？

韦达夫斯基是一个训练有素的和积极的争辩者，他不承认这些观点。他说，我们应该简单地依靠现存的行政管理和政治体制，而不是依靠计划（仿佛这些行政管理和政治活动都是完全没有计划的）。[4]

本书读者中没有几个人会需要我去论述计划是可能的这样一类问题，事实上，计划是必要的。我们的规划工作有时是非常成功的，有时却彻底失败了，而大部分规划则处在完全成功和完全失败之间。然而，说规划是不可能的忽略了这样一个事实，成千上万的人正在使用他们的智慧和专业才能做着规划工作，他们的工作都是有据可查的。规划可能没有控制住事物的发展，但是，规划依然活跃，也依然遭受着挫折。

规划是无力的

20世纪40年代和50年代对规划的批评一般来自政治上的右翼，随后的几十年里，争论向左转移。联邦政府项目的明显错误，如旧城改造、与越南战争和人权运动相关的社会动荡，以及决定参与那些长期把一般民众排除在外的政治决策的草根组织的出现，这些事件极大地改变了美国生活（有些作者把美国生活的这种巨大变化描述为后现代时代的曙光）。与这些变化一起，人们对公共规划的怀疑与日俱增。

一般来讲，来自政治上的左翼的意见是，因为规划已经背叛了它的初衷，所以，那些原先担心它的人们已经接受了规划，把规划作为一种非常有效的工具来使用。按照这种观点，规划现在被政府和商业精英们掌握起来了，他们使用规划来推行他们的价值观念，操控公众，控制资源（和资源产生的财富）。在地方层面，这种观点转变成为这样一种看法，规划已经落到了商会、市中心商业利益集团和其他经济开发力量的手中，简言之，落入了经济权力组织的手中。规划为他们的利益服务，为什么要反对规划呢？按照这种批评，规划已经转变成了一种保守势力，为那些已经拥有权力的利益集团提供服务，维持现状，而不寻求体制改革和社会改良。

从20世纪60年代开始，在以后的许多年里，这种观点主导了规划理论，产生了大量丰富的文献。这些文献的作者有改革论者、激进分子、批判的理论家，政治经济理论家，或干脆，马克思主义者；它们之间的差别很微妙，当然，读者一般很难把握它们之间的微妙差异。

这类文献的中心论点可以简单地概括为如下几点。首先，规划并非处在真空之中，而是处在社会、政治和经济关系中。所以，不考虑规划作为一个部分而处在更大的系统里，就不能够对规划做出有意义的分析。对于改革论者，这个不可忽略的关系是资本主义国家："像所有的国家干预一样，这种专门的城市规划干预从一般意义上讲，源于资本主义社会的社会和财产关系中，具体的、历史决定的冲突和问题从特定意义上讲，源于资本主义城市化。"[5] 城市和规划都不是独立变量，城市和规划都是资本主义的产物，因此，"规划没有，也不能超越资本主义社会的社会和财产关系，规划处在这种资本主义社会的社会和财产的关系之中，规划是对这种社会和财产的关系的反映。"[6]

从这一点出发，不难得出这样的结论，资本主义社会的规划从根本上讲，是维持资本主义制度稳定和国家权力的工具。大卫·哈维（David Harvey）写道，"规划师的作用归根结底是，从干预到恢复中，推导出延续这个现存社会秩序的规划的合理性和合法性。"[7] 规划通过他们的工作，保护这个制度，保护资本对劳动力的支配性。

如果规划在资本主义社会的作用真像大卫·哈维所说的那样，为了改善这种情形，规划师可能做些什么呢？诺曼（Norman）和苏珊·费因斯坦（Susan Fainstein）找到了三种可能性。[8] 首先，在资本主义国家机器里工作，使国家更为人性化。找出能够捍卫什么，然后去捍卫它；建立起具有专制性的官僚体制；共享知识和专门技能；去职业化；打击秘密行为。[9] 例如，这可能充当"这个官僚体制中的监视者、举报人、游击队，或交流的监控者，反对虚假信息的传播。"[10] 第二，在资本主义国家机器外工作，作为社会批评和社会活动家，努力影响政府政策。第三，发展其他的生产和分配体制，如 20 世纪 70 年代有代表性的公社和现在的食品合作社。其他作者更倾向于第四种角色：为"社会重建"而制定规划，[11] 包括"通过建立服务于社会整体利益的新制度，去替代现存的服务于资本的制度。"[12] 如何做到这一点？恐怕只有一场革命。

实际上，按照约翰·弗里德曼的观点，大部分改革派的规划师倾向于配合"与国家处于对立阵营的市民团体"；这样，"激进规划的理论家们基本上关注的是，社区组织、城市社会运动和赋权方面的问题。他们中大部分人提出，把权力再分配给边缘化的和被社会排斥的那一部分人（或与他们共享权力）。"[13]

所有这些能够产生什么呢？有一点似乎是清楚的，这种文献对前一章所讨论的理论和实践之间的联系作用甚少。大部分作者安全地待在大学里；正如我曾经描述的那样，"改革的精神在学术殿堂里比在市政厅里要繁荣得多，在学术殿堂里拥护这类主张没有任何风险。"[14] "每一个地方的规划师都能拿起改革的大棒，在改变城市政治对话性质上发挥重要作用——在不改变城市组织结构的情况下，或在不威胁大部分规划其中的那个机构的基础的条件下，做到所有这一切。"[15] 我认为这个观点是幼稚的。理查德·福格尔桑（Richard Foglesong）补充道，"规划师不可能从国家机器内部去实施一场改革；这样做等于一场职业自杀。"[16]

另一方面，在对当今规划情景的改革分析中，还有一个令人难堪的因素。因为顾及地方权势人物的可能反应，规划师们只能搁置一个好的想法——我们中谁又不是这样呢？——任何这样一个规划师，都经历过改革派所描述的那种拉拢收买。然而，我们坚持在我们服务的行政辖区内，寻找改善生活质量的各种方式，而这些努力常常也是值得的。

在社会改革和激进的改革之间做出区别是有益的，社会改革是以现存特定体制为基础的，寻找改良社会的方式，而激进的改革，号召在这个制度内部做出根本改变，或对这个制度本身做出根本改变。[17] 我认为，大部分以改革为导向的从事实际工作的规划师，有必要带着社会改革的精神从事工作。除非一个从事实际规划工作的规划师本身就是既得利益者，否则，他们总有十足的实际理由这样做。这样的规划师没有必要认为，他或她已经被出卖了。这本书的中心论点就是，规划能够有效地对社区福利做出重大贡献，或事实上能够做出这种贡献，只要他们认识到，也懂得如何利用地方政治体制的工作原理。

规划是居心不良的

改革理论家们所描绘的规划师，或是被拉拢收买了的，或是懦夫，但是，这样的规划师是天真无邪的；规划师可以满怀社会改革激情地跨入规划事业中。然而，如改革家们所说，规划不可避免地处于"资本主义财产关系的结构中"，这就意味着，事实上，规划师几乎没有真正实现什么改革。

另一方面，对于正在出现的批判的或"消极面"的理论家们来讲，规划师无非是资本主义的无意识的受害者。例如，奥恩·伊弗塔齐尔（Oren Yiftachel）写道，

> 规划师和公众都把规划看作一种合理的专业活动，这种专业活动产生这样或那样的有利于公众的规划，所以，规划的理论和职业话语倾向于集中在规划对已经建立起来的社会目标的贡献，如居住区的公用设施和景观、经济效率、社会公平或环境可持续性，很少关注规划所造成的倒退，如社会压制、经济无效率、男性主导或民族边缘化。[18]

他说的这些事情的确发生了，他认为，规划师对社会压制、经济无效率、男性主导或民族边缘化脱不了干系。规划师们自觉自愿地参与到了"社会控制和压抑的国家机制中"。[19]

伊弗塔齐尔考察了四个"规划控制方面"：地域方面，"用种族土地使用控制模式表现出来，而这种模式源于规划和政策"；程序性方面，包括规划和政策制定和执行的方式；社会经济方面，涉及规划对社会关系和经济关系的影响；文化方面，包括"规划对存在于城市和州里的多种文化标识和集体标识的影响。"[20] 在考察四个方面的基础上，伊弗塔齐尔得出了这样的结论，规划"保持精英主导，控制了四个关键社会资源：空间、权力、财富和身份。"[21] 他认为，因为规划理论家与规划实践有着紧密的功能上的联系，规划理论家一直回避把注意力放在规划的"消极面"上。[22]

从"消极面"看待规划的那些人们，没有什么与从事实际规划工作的实践者分享的意见；他们把自己定位为旁观者和批评家，而不打算与实践者共事，以期成为改善他们实践工作质量的同伴。与改革家一样，抓住规划"消极面"理论家，一般也把规划行为看成资本主义财产关系的合乎逻辑的和必然的结果。它们之间的唯一明显差异是，规划师的主观意图问题：对于改革派而言，规划师基本上是被拉拢收买的，而对于规划"消极面"理论家来讲，规划师是有意识地和主动地参与到政府压制性实践活动中来。显然，唯一解决办法就是推翻资本主义，从根本上转变成另外一个政治经济体制。

从这种角度看待规划的基础是政治意识形态，而非严格的经验分析，所以，这种观点几乎没有提出什么对改善规划实践质量有价值的东西。抓住规划"消极面"理论家所描绘的规划师，并不具有过去几十年相伴而行的绝大多数规划师的价值观念和精神。这些理论家远远不能在实践和理论间架起一座桥梁，而是有意去烧毁任何已经存在的这类联系。

在规划专业的历史上，一直都不乏对特殊规划实践或项目的批判和分析，这些批判和分析通常对改善规划实践工作十分有效。如同其他专业中的专业人士一样，从错误中学习。这些批判有时把规划师描绘为一群政治上幼稚的专业人士，过于谨慎，或认识有欠缺，或技术上太天真，甚至对社会不敏感。但是，如果认为规划师心怀叵测和居心不良，那就是另外一回事了（在我看来，这个看法是站不住脚的）。

规划是不合法的

从规划的合法性上看问题，一般反映了我们在这个体制中的位置。假定我们有一块滨水地产，希望卖给酒店开发商，但是，我们被告知，因为分区规划和环境法规的限制，这个项目不可能进行，于是，我们可能认为，"这些规划师"是我们面临问题的关键。如果我是一个行将退休的农场主，开发商希望购买这些土地，把它的功能转变为郊区住宅和购物中心。当政府机构拒绝这种开发申请，从而让我本来期待的经济上舒适的退休生活成为泡影，我会非常恼恨政府。实际上，如果我是活跃在美国大都市区郊区的一个开发商，机会不错，以致我对规划师并不是特别宽容。在这些和无数相似的情况下，这个问题归根结底是一个物权问题：我偿付了这块土地，这块土地属于我，"这些规划师"告诉我，我能做什么，更通常的是，"这些规划师"告诉我，不能使用它，"这些规划师"以为他们自己是谁？这是合法的吗？

因为这类批判源于实践，而不是源于理论，所以，大部分实际规划工作者十分熟悉这些人的看法，许多业主为了得到规划许可，不惜大战一场。

这个问题的逻辑起点是"美国宪法第五修正案"，这个宪法修正案提出，在没有"公正赔偿"的情况下，不可以把私人物业"拿来"作为公共财物使用。"美国宪法第十四修正案"对这个基本观点做过详细的解释，它提出，"没有履行正当法律程序，不得剥夺任何一个人的生命、自由或财产，"这样，就提出了建立法律程序的要求，以应对达不成自愿协议的情况；"美国宪法第四修正案"保证"人们对他们个人的、住宅的、文件和效果的权利不受不合理接近和夺取的侵犯，"以避免法庭支持为了一个微不足道的目的而侵犯个人的这些权利。[23]

政府实际上有权为了公共目的（如道路和工程设施）而占有私人财产，在这种情况下，征用权是建立在"美国宪法第五修正案"上的。当然，政府必须偿付业主政府所占有的土地价值。如果业主和政府不能在公正市场价格基础上达成协议，那么，这个问题就提交给法庭，由法庭裁决征用费用的规模。

但是，当政府实际上并未拿走土地，而只是对一块土地实施控制，管理其使用功能，情况又如何呢？在美国，对私人房地产使用的公共管理历史上就一直是建立在完全不同的一组法律概念上的。正如约翰·列维（John Levy）所说，"在过去几十年中，现代规划史的中心事务之一就是，政府对私人房地产的使用行使某种控制权力。"[24]

例如，分区规划合法性的前提是，治安权的法律概念，为了保证公众的整体利益，社区有权控制私人的活动。为了社区的"卫生、安全和公共福利"，人们常常认为使用治安权是有理由的。例如，

> 限制建筑物的高度，以致这些建筑物不会给街道造成永久性的阴影，这样的法律可能作为治安权来执行。阻止一定的工商业在居住区发展，阻止房地产业主高强度地开发他们的土地，以防止造成附近街道的交通拥堵，同样，从治安角度看，也是有道理的。[25]

实际上，因为限制了这些业主完全开发他们房地产所具有的经济潜力，这类法律造成了房地产业主得不到赔偿的损失。例如，不需要对行使分区规划法令给予赔偿，也不要求法律程序；除非房地产业主在法庭上赢了反对行政当局分区规划法令的个案，否则，行政辖区的分区规划就是法律。

1926 年，美国高等法院通过著名的"欧几里得村对安布勒地产公司"案，确认了分区规划的合法性。为了维持村庄分区规划法令，阻止安布勒地产公司在居住区建设一个商业建筑，美国高等法院建立了这样一种观念，市政当局有权行使它的治安权，给私人房地产业主造成不予赔偿的损失。事实上，美国高等法院认为，这种控制并不构成一种占有，多年里，这种解释几乎没有遇到重大挑战。在 20 世纪的大部分时间里，美国高等法院支持这样一种观点，政府具有"法权限制损害环境、损害相邻房地产业主，或对公共利益造成不利影响的活动"。[26]

当然，这并非说，这些问题一直都没有争议。实际上，法庭常常听取侵蚀这类行政权力的案例，借用治安权反对房地产业主的合法权益。20 世纪 90 年代，房地产权活动分子比以前更有组织了，他们的声音更有影响，他们提出，美国宪法第五修正案"要求政府'拿走'私人房地产时，要给予房地产业主赔偿，不仅仅是在为了公共目的占有私人房地产时要这样做，而且，政府实施法规在业主看来禁止了他们完全地从经济上使用他们的房地产时，也要给予房地产业主赔偿。"[27] 这些活动结合起来，形成了一个称之为"理智使用的思潮"——毫无问题，从规划师、环境保护主义者和其他关心社区利益保护的人们的角度看，这是一个奇怪的称号。这些"理智使用"团体，试图"挑战使用联邦的、州的和地方法规，去实施土地使用规划和保护环境资源，他们认为，这些法规的实施，减少了相关私人房地产的经济价值。"[28] 约翰·蒂贝茨（John Tibbetts）举例说，"湿地法律、濒危物种法规、区域增长管理规则和地方土地使用法令"都是"理智使用"团体最一般的攻击目标。[29] 这些年来，联邦层次和州层次都出台了大量法案，扩大了现在由治安权覆盖的占有的定义，实施在多种情况下的赔偿；这些法案的一些成为了法律，而另外一些，因为公众对环境和土地使用问题的觉醒而销声匿迹了。

1993 年，约翰·埃切维里亚（John Echeverria）和沙龙·丹尼斯（Sharon Dennis）做了这样一个悲观的结论，房地产权思潮正在导致"责任与权利的分离"，在他们看来，责任和权利的分离有可能"不仅摧毁自然资源，还可能摧毁美国的社会结构。"[30] 政府控制土地使用和推行环境法规能力的削减或消失，当然会对公共规划部门构成沉重打击。然而，自 1993 年以来，"理智使用"思潮并没有像人们担心的那样成为一种主流（也许，真正的智慧远比表现出来的智慧还要大得多），当然，这种合法性继续得到细微调整，甚至改造，但是，土地使用规划的合法性依然完整地维持了下来。公共利益和私人物权之间的精巧的平衡，经过近一个世纪的精心雕琢，并没有受到重创。所有这些当然能够在公众情绪波动的瞬间或接二连三损伤法律的情况下得以改变。这种情况下，规划师在一个岌岌可危的政治环境中工作，所以，规划师必须具有在这个环境中提高成功机会的知识和训练。

规划是活跃且成熟的

正如这一章所描绘的那样，反对公共规划的力量来自许多方面，反映出各式各样的政治立场、价值观念和个人经历。然而，在我们所考察的这些观点中，没有一个足以颠覆规划这艘正在航行中的船。相反，规划一直存在，并保持为一个强有力的和富有挑战性的专业。

我猜想，规划一直都处在活跃且成熟的过程中的部分原因是，规划师能够适应国家氛围的变化（例如，对20世纪60年代和70年的民权运动和反贫困运动做出反应时出现的社会规划专门化；对商务主导的20世纪80年代和90年代做出的反应，强调经济发展和公私合作）。当然，从根本上讲，因为没有任何其他职业或团体承担规划师所做的这份工作，所以，规划继续活跃。行政辖区政府需要了解他们走向何处去。因此，必须做研究，必须探索各种可能的选择，必须做出决策，编制执行这些决策的计划，公众必须在每一个阶段以有意义的方式参与进来。公共规划并非一个奢侈品，而是行政辖区从现在走向未来过程中不可或缺的部分。正如前面提到的那样，问题并非规划是否应该存在，而是应该如何制定规划，谁应该参与到规划中间来，规划应该有什么样的能力。

当然，在解决这一组问题之前，有必要更进一步考察我们为什么规划。这个问题是认识规划实践的政治角色的基础。

★ 注释 ★

1. See, for example, F. A. Hayek, *The Counter-Revolution of Science: Studies on the Abuse of Reason* (New York: The Free Press of Glencoe, 1955); Chester I. Barnard, *Organization and Management* (Cambridge, Mass.: Harvard University

Press, 1948), pp. 176–193; and Ludwig von Mises, *Omnipotent Government* (New Haven, Conn.: Yale University Press, 1944).

2. Aaron Wildavsky, "If Planning Is Everything, Maybe It's Nothing," *Policy Sciences*, Vol. 4 (1973), pp. 127–153.

3. Ibid., p. 153.

4. A more systematic and thorough rebuttal of Wildavsky's article is found in Ernest R. Alexander, "If Planning Isn't Everything, Maybe It's Something," *Town Planning Review*, Vol. 52, No. 2 (April 1981), pp. 131–142.

5. A. J. Scott and S. T. Roweis, "Urban Planning in Theory and Practice: A Reappraisal," *Environment and Planning A*, Vol. 9, No. 10 (1977), p. 1103. Emphasis in the original.

6. Ibid., pp. 1118–1119.

7. David Harvey, "On Planning the Ideology of Planning," in *Planning Theory in the 1980s: A Search for Future Directions*, ed. Robert W. Burchell and George Sternlieb (New Brunswick, N.J.: Center for Urban Policy Research, Rutgers University, 1978), p. 224.

8. Norman I. Fainstein and Susan S. Fainstein, "New Debates in Urban Planning: The Impact of Marxist Theory within the United States," in *Critical Readings in Planning Theory*, ed. Chris Paris (Oxford: Pergamon Press, 1982), p. 155.

9. Several of these suggestions are discussed in Glen McDougall, "Theory and Practice: A Critique of the Political Economy Approach to Planning," in *Planning Theory: Prospects for the 1980s*, ed. Patsy Healey, Glen McDougall, and Michael J. Thomas (Oxford: Pergamon Press, 1982), pp. 267–270.

10. Michael P. Brooks, "A Plethora of Paradigms?" *Journal of the American Planning Association*, Vol. 59, No. 2 (Spring 1993), p. 143.

11. Harvey, "Ideology of Planning," p. 231.

12. Richard E. Klosterman, "Arguments for and against Planning," in *Readings in Planning Theory*, ed. Scott Campbell and Susan S. Fainstein (Cambridge, Mass.: Blackwell Publishers, 1996), p. 160.

13. John Friedmann, "Teaching Planning Theory," *Journal of Planning Education and Research*, Vol. 14, No. 3 (Spring 1995), p. 160.

14. Michael P. Brooks, "The City May Be Back In, But Where Is the Planner?" *Journal of the American Planning Association*, Vol. 56, No. 2 (Spring 1990), p. 219.

15. Ibid., pp. 219–220.

16. Richard Foglesong, "Planning for Social Democracy," *Journal of the American Planning Association*, Vol. 56, No. 2 (Spring 1990), p. 215.

17. For a discussion of this distinction, see Robert Kraushaar, "Outside the Whale: Progressive Planning and the Dilemmas of Radical Reform," *Journal of the American Planning Association*, Vol. 54, No. 1 (Winter 1988), pp. 91–100.

18. Oren Yiftachel, "Planning and Social Control: Exploring the Dark Side," *Journal of Planning Literature*, Vol. 12, No. 4 (May 1998), p. 395.

19. Ibid.

20. Ibid., pp. 401–402.

21. Ibid., p. 403.

22. Similar perspectives on the planning process emerge from Bent Flyvbjerg's case study of center-city planning in Aalborg, Denmark. His conclusions will be discussed in Chapter 6. See Flyvbjerg, *Rationality and Power: Democracy in Practice* (Chicago: University of Chicago Press, 1998).

23. U.S. Constitution, amend. 4.

24. John M. Levy, *Contemporary Urban Planning*, 4th ed. (Upper Saddle River, N.J.: Prentice-Hall, 1997), p. 65.

25. Ibid., p. 66.

26. John Tibbetts, "Everybody's Taking the Fifth," *Planning*, Vol. 61, No. 1 (January 1995), p. 5.

27. Ibid., p. 6.

28. Edward J. Kaiser and David R. Godschalk, "Twentieth Century Land Use Planning: A Stalwart Family Tree," *Journal of the American Planning Association*, Vol. 61, No. 3 (Summer 1995), p. 382. For an excellent review of the takings issue, see Ann Louise Strong, Daniel R. Mandelker, and Eric Damian Kelly, "Property Rights and Takings," *Journal of the American Planning Association*, Vol. 62, No. 1 (Winter 1996), pp. 5–16.

29. Tibbetts, "Taking the Fifth," p. 5.

30. John Echeverria and Sharon Dennis, "Takings Policy: Property Rights and Wrongs," *Issues in Science and Technology* (Fall 1993), p. 28.

第 4 章
公共规划的逻辑起点

寻找规划的基础

因为规划对社区很重要，没有哪个专业团体正在做这种工作，所以，规划师承担起他们的这项专业工作。这样说当然没有问题。但是，什么是规划本身的逻辑起点，换句话说，首先，断言规划对社区很重要的合理性根据是什么？因为人要生病，医生给人治病，病人需要医生的帮助而恢复健康，所以，我们认为医生很重要。因为我们在法律之下生活，法律深入到我们生活的方方面面，而法律十分复杂，对法律的解释存在很大的变数，所以就有了律师这个行业；我们认为律师是重要的，因为他们是专家，远远超出我们能够提供给我们自己的知识，律师帮助我们通过法律的荆棘。按照这样一种思路，询问规划师为什么做规划也是有道理的。

有关这个问题的文献纷繁杂多，一言难尽；大量的作者（包括我自己在内）已经发表了有关规划本质概念方面的文章与著作。如果把有关这个主题的文章和著作都摆放开来，至少也能占满一个地块。这样说，一点都不夸张。

理查德·克斯特曼（Richard Klosterman）1985 年发表的一篇文章，《支持和反对规划的争执》，堪称这个问题的经典，是有关这个问题的一篇很好的综述。[1]这篇文章阐述了找到我们都一致同意的有关规划的逻辑起点的确很困难的理由。例如，作为支持规划的那个部分，克斯特曼提出了公共规划所承担的四个"至关重要的社会功能"。这四个"至关重要的社会功能"分别是：

（1）规划提供了公共的和私人的决策所需要的数据。按照这个命题，规划师的研究、分析、预测、社会和经济指标、图示和其他形式的信息，都是地方层面推动平稳市场经济的特别重要的因素。[2]我们如何认识这个功能，当然部分依赖于我们如何看待资本主义市场经济运行。[3]

还有一点值得注意，自从克斯特曼的文章发表以来，基于计算机的信息量大增。现在，来自许多源头的数据都是可以广泛共享的，规划部门不再独享他们中心数据库的资源。许多年以前，一个大城市的首席规划官员告诉我，他的部门所控制的数据是对地方政治产生影响的主要资源，实际上也许是唯一的资源；人们必须到规划部门来，获得有关土地问题的信息，这种互动给规划部门提供了机会，影响关键开发决策。自那个时期以来，规划部门已经能够找到其他的机制去产生影响。

（2）规划倡导了社区共同的或集体的利益，尤其在涉及公共物品供应的方面。克斯特曼将交通规划、环境规划和经济发展规划作为在这个逻辑起点上编制规划的例子。[4]当然，公共规划的逻辑起点依赖于两个概念，而这两个概念已经证明难以确定。首先，"社区共同的或集体的利益"[5]涉及公共利益的概念，我们在这一章里会考察"公共利益"的概念。现在我们有理由问，我们是否有完善的而且得到广泛认同的机制确定这种"共同的或集体的利益"。下面我们会看到，有关这个问题的答案并非十分乐观。

第二个棘手的概念是公共物品的概念，公共物品一般以两个特征来界定。首先，"把人们排除在公共物品之外是困难的或有成本的。不同于私人物品，我们没有清晰地指定公共物品的物权。"[6]特里·摩尔（Terry Moore）（使用了这些定义，认为公共物品的供应是公共规划的逻辑起点）举出了如下例子：

> 所有使用公路的人都得益于安装了交通信号灯等，无论他们是否是这个行政辖区的居民。一个行政辖区的分区规划可能提高其他行政辖区的房地产价值。在这些或类似情况下，把这些人拒之于这些公共物品之外的成本高于因为拒绝他们而得到的收益。[7]

当然，与公共物品相联系的问题之一是："如果我们不能把人们排除在这种公共物品的收益之外，那么，人们就会没有多大的积极性去为这种公共物品供应做出贡献。"[8]大部分公立学校的预算问题就是一个例子。

公共物品的第二个特征是公共物品有"非竞争性"的属性；也就是说，"一个人对公共物品的消费，不排斥其他任何人对这个公共物品的消费。"[9]实际上，公共物品"能够同时被一个以上的人享用"[10]——或被所有处在提供这种公共物品行政辖区里的人们共享。

正如摩尔在他的文章中所提到的那样,公共物品不能以绝对术语来定义;公共物品占据一个连续统一体的一端,而私人物品(由市场机制加以分配)占据这个连续统一体的另一端。[11]精确地确定一个特定物品属于这个连续统一体的哪个位置变得日益困难起来;许多原本完全具有公共物品性质的功能,因为私有化,已经不再具有公共物品的性质。防御、公共教育、邮政服务、公路,甚至清洁的水和空气,都是某种程度私有化的例子,它们受到市场力量的约束。实际上,如果仅仅把规划限制在与公共物品生产和分配相关的问题上,那么,现在规划师所做的很多工作都不再是规划师的工作了。

(3)**规划努力纠正市场行动的负面效果。**市场一般会产生没有预料到的外部效应,或溢出效应,给社区带来问题;工业污染、交通拥堵、郊区蔓延都是这种外部效应的例证。事实上,有人提出,美国的规划就是用来排解市场所造成的这类问题的,这是一种有关规划的"扫把"理论。当然,就这种观点本身而言,并没有提出一种特别令人信服的公共规划的根据。如果纠正市场的负面效果真是规划的唯一功能,那么我们会更好地把这些负面效应所带来的成本转移给那些要求公共行动的外部效应的始作俑者。当然,情况并非如此。另外,建立在这个逻辑起点上的规划基本上是反应性的,这样的规划把重心集中在消除现存的问题上,而不是确定和实现更充满希望的未来。

(4)**规划考虑公共和私人行动的分布效应,努力解决基本物品和服务上的分配不公。**这个问题我们还会在本书里重复多次。现在,我们只要指出这一点就够了,这是一个基于价值观念的有关规划应该做什么的论断,而不是有关规划做什么的经验性描述。诺曼·克鲁姆霍尔茨的"克里夫兰平等规划"与这个观点当然是一致的(见第9章)。另一方面,前一章谈到的"消极面"理论家会说,解决分配不公恰恰是规划不做的事情。总而言之,我猜想,许多规划师都努力遵循克斯特曼的公共规划的第四个逻辑基础的思路去做他们的工作,然而,他们常常发现,这种愿望常常被更紧迫的问题所淹没。

显而易见,克斯特曼规划的四个"关键社会功能"是可以讨论的。有些体现了概念上的复杂性,而有些似乎与当代的规划实践的机制不一致。"为什么规划师要做规划呢?",对这个问题来讲,克斯特曼规划的四个"关键社会功能"仅仅对一定时刻里,在一定情况下,对一些规划,做了回答。

当然,更为经常提出来的另外一个答案,蕴涵在克斯特曼第二个观点"社区共同的或集体的利益"中。这个答案断言,规划师的规划服务于公共利益,事实上,公共利益是规划的重要基础。让我们对公共利益这个概念做一个分析。

公共利益：现实的还是幻觉？

伊丽莎白·豪威（Elizabeth Howe）在对 96 个公共部门规划师的深入访谈中发现，他们大部分人都声称，他们在工作中使用了公共利益这一概念。然而，他们究竟如何定义公共利益，却并不一致。"他们所有人的定义中都有一个核心，给公众提供服务的义务，但是，毫不意外，在如何得到有关公众的'利益'或'好'的认识上，有着不同的解释。"[12]豪威提出，当她在访谈中"切入公共利益或提出道德问题时，规划师们基本上谈论的是他们自己对公共利益的观点"。[13]

很少有几个规划术语，既使用广泛，却又定义不周全的。一方面，公共规划师应该按照（或为了）公共利益来编制规划，否则，我们就几乎不需要有公共规划师；这是有道理的。但是，问题出在如何让这个概念具有可操作性——也就是说，让公共利益这个概念具体化，不含糊，可以广泛接受，可以在实际中运用。从理论上讲，规划师在面临一个困难的决策时，应该用公共利益这个概念指导他们做出决策，用公共利益这个概念去区分哪些选择能够更多地服务于公众，相对而言，哪些选择可能会比较少地服务于公众。可惜呀，根本就没有这样一种范式。

学者们长期以来被公共利益这一概念所困扰，福利经济学家的工作特别具有启发性。福利经济学家对公共利益（有时称之为一般福利或公益）研究的核心信条一直是这样一个判断，"除非以个人福利为基础去评估社会状态，否则，以其他东西为基础去判断社会状态在道德上都是错误的，这个个人福利的价值应该是任何政策制定者设定目标的基础。"[14]从理论上讲，一个特定社会的公共利益应该以某种方式包含组成这个社会的所有人的个人利益。问题是我们如何把握这个社会所有个人的利益，然后把它们转变成为一个单一的社会利益呢？对这个问题的学术研究林林总总，这里只能提到其中的几个。

在 20 世纪早期的作品中，维尔弗雷多·帕累托（Vilfredo Pareto）提出，社会决策应该反映组成这个社会所有个人的福利，一个政策设想是否符合这个原则，就是一个标准。按照威廉·鲍莫尔（William Baumol）的复述，帕累托的标准认为，"不伤害任何一个人，让一些人得到好处（按照他们自己的估计），这样的变化必然可以认为是一种改善。"[15]如果我们引入一个政策，这个政策让一部分人获益，同时又绝对没有让其他任何人付出代价，那么，按照帕累托的标准，这个政策就是"符合公共利益的"。这个公式看似完全合理，但是，它在判断任何一个提案时作用不大。在通常情况下，一个提案会让某些人受益，同时让另外一些人付出代价。实际上，任何具有重大意义的规划问题，都会包括成本和收益非均等的分布；有些人获得，有些人丧失。另外，即使丧失只是相比较而言，而非真正丧失，丧失本身毕竟还是真实的；如果我的邻居得到了一大笔公共资金，即使没有提高我的税赋，甚至我的邻居并不需要立刻追加这笔公共资金，我可能还会有些怨恨。总而言之，我们可以没有风险地得出这样的结论，规划师使用帕累托的标准确定公共利益的机会极为罕见（通常会包括非常琐碎的问题），所以意义不大。

尼古拉斯·卡尔多（Nicholas Kaldor）提出了一个细化了的帕累托标准。还是按照威廉·鲍莫尔的复述，卡尔多认为，"如果那些有了获得的人们评估他们的收益量大于那些损失者评估他们的损失量，那么这种变化就是改善。"[16] 损失者可能因为他们的损失而得到一笔赔偿，这样，对于整个社会来讲，还是净收益（我从这个政策中获得了 100 美元，而这个政策成本仅为 40 美元；在理论上讲，我能赔偿你的损失40 美元，这样，在我们这个两人社会里，净收益还有 60 美元。看上去对我有利）。但是，卡尔多标准的奥妙是，为了应用这个标准，给损失者的赔偿，必须维持不过是一种可能；如果真去做赔偿，那么，我们又回到帕累托标准所包括的那种情景。简言之，卡尔多的定义在理论上是足够精细的，但是在实践中，他的标准常常面临尴尬的局面。

亚伯兰·柏格森（Abram Bregson）提出了第三个标准，他断定解决这个问题的唯一方式是，思考把个人好恶变成社会政策时所采用的适当程序，形成一组清晰的价值判断。这些价值判断将反映这样或那样的道德观，什么构成公正、有效或其他有关社会资源分配。[17] 这里的问题是显而易见的：谁来做出这样的价值判断，如何做出这样的价值判断？柏格森似乎是在说，我们必须做的全部事情就是，在我们的资源分配方式上达成一种社会共识。很遗憾，柏格森没有把一组达成共识的途径与他的标准一起拿出来，这样，达成共识这样一个困难重重的任务依然没有解决。

肯尼斯·阿罗（Kenneth Arrow）提出了一个更一般的问题，他令人信服地提出，在大多数情况下，把个人的选择转变成社会的选择是不可能的。[18] 图 4.1 描绘了这个观点。

		选择		
		第一选择	第二选择	第三选择
个人	1	A	B	C
	2	B	C	A
	3	C	A	B

图 4.1　图示的阿罗不可能定理

在这个图示假设的决策状态中，大

多数个人（1和3）选择了 A 而不是 B。大多数人（1和2）也选择了 B 而不是 C。假定这些选择的排序是线性的（或使用阿罗的术语"可传递的"），那么，我们将会期待大多数人将会选择 A，而不是 C。当然，实际情况并非如此。大多数人（2和3）选择 C，而不是 A。在这种情况下，根据参与进来的个人的选择，不能得到任何一个集体的决定。[19]

当然，我们能够对阿罗的观点提出异议（许多学者已经这样做了，他们的主要论据是符号逻辑方程）。例如，阿罗定理没有考虑坚持个人选择的不同强度，坚持一种选择的强度常常与公共规划问题紧密联系。总之，阿罗定理使用任何一个实际规划工作者都十分熟悉的情况描述了现实；也就是说，产生一个所有人都同等满意的行动过程实际上是不可能的。事实上，公众对规划问题的观点一般是定义不完善的、多样的、有争议的、混乱不清的——而且毫无疑问是非线性的。如果福利经济学家的判断是正确的，公共利益的合理概念必须以每一个社会成员的选择为基础的话，那么我们就倒霉了；在现实的世界里，福利经济学家的这种公共利益概念就是行不通。

另外一些作者试图不那么严格地定义公共利益，不再考虑个人选择变为社会选择这类问题。例如，以色列•斯托曼（Israel Stollman）曾经这样写道：

> 规划师原则上是服务于公共利益的——必须把客户 - 雇用者的利益与公共利益协调起来，或不给这个客户提供服务。在公共利益最难以识别的情况下，我们最需要这种指南。而当这种指南很不清晰时，我们需要让它清晰起来。
>
> 公共利益是许多特殊利益的聚合。这些公共利益包括服务于经民主产生出来的那个多数人的利益，改善弱者、穷者和残疾人的生活条件；保护战略资源；节约使用公共资金；依法办事；保护健康和安全；维护人权——简言之，做所有符合我们价值观念的事情。[20]

这是一个很好的一览，但是，这个一览并非是针对单个人的。如果要我们去编制一个我们社会的价值观念一览，我们每一个人都会把自己独特的想象放进这个一览中，反映我们认为最重要的价值观念。[21] 在抽象的层面上，我们可能会同意托斯曼所列举的大部分价值观念，然而，当我们开始制定特定的规划和战略以实现这些设想中的事情时，我们的共识很快就烟消云散了。一个人在保护自然资源，另外一个人则正在采伐自然资源；一个人有关改革医疗体制的观点，恰恰正是另外一个人所反对的观点。总而言之，把定义者认为重要的各种价值观念等同于公共利益，当然不会有什么结果（当然，除开定义者之外）。

在一篇对公共利益概念的效用进行辩护的文章中，克斯特曼把公共利益描述为"所有人的集体利益"，他认为，只要我们在采用的标准上取得共识，有可能以客观和科学的方式评估这种集体的利益。[22] 克斯特曼举了这样一个例子，建设一条把一个富裕郊区与城市中心连接起来的高速公路。决策的标准应该是经济的？环境的？分配的？政治的？他认为，有可能沿着这些方向对高速公路的可能影响进行评估，只要在多种评估标准中就权重达成一致意见，我们就可以做出决策。[23] 他的命题与柏格森是类似的，面临同样的问题。如果我们能够在采用标准上达成共识，的确会让我们在把握公共利益上要相对容易一些。但是，标准选择本身是相当主观的，正在做出选择的那些人的价值观念和个人好恶会对标准选择产生很大影响。[24]

结　论

有关公共利益概念的讨论把我们带到了何处？公共利益概念的确具有成为公共规划基础的合理性身份吗？

规划师当然还在继续使用公共利益这个概念——也被公共利益这个概念困扰着。经过与从事实际规划工作的规划师的访谈，豪威告诉我们，有些规划师把公共利益等同于"环境的、安全的和健康的法规，等同于住宅和就业的平等机会"[25] 另外还有一些规划师把公共利益与社会平等和经济平等联系起来。然而，"规划师阐述他们有关公共利益观点的最一般的方式是，公共利益涉及整个社区的长期和谐。"[26]

俄勒冈州波特兰的规划咨询专家和具有丰富公共部门工作经验的琳达·戴维斯(Linde Davis)，对这个问题提供了一个说明：

> 什么是"公共利益"？应当承认，我们很难定义"公共利益"，我们从事规划工作的时间越长，我们越能看到，这个世界并不是非黑即白的，而是处在灰色阴影下的。现在，我愿意把公共利益考虑成"社区利益"。这是因为"公共的"具有地理上的不确定性，在社会意义上有着与日俱增的多样性。我们不可能认识公众的全部价值观念和信念。当然，我们能够认识和理解我们社区，我们"地方的公众"的价值观念和信念。这样，当我们面临困难的处境时，我们问自己，"什么对这个社区好？"这是一个很有效的指南，它也将对你很有效。[27]

这个看法看上去也很有道理，我想，许多规划师都会认可这个看法。但是，再仔细想想。规划师们果真认识和理解了一个社区每一个人的价值观念和信念吗？如果一些人的价值观念和信念与另一些人的价值观念和信念发生冲突，哪一种价值观念和信念应该成为主导价值观念和信念呢？规划师真的具有决定什么对这个社区好的权利吗？就这个问题而言，我们能够确定，我们总能认识到究竟什么对一个社区好吗？

无论是专业规划师还是其他，大部分人都会有他们愿意看到的他们社区变化和改善的想法，许多人都会说，他们的选择真是公共利益。然而，如果公共利益的概念因人而异，那么它真有任何能够指导公共行动的东西吗？我认为，公共利益的概念并没有这种功能，它只是一种合理化的判断，用来调整我们的推荐意见，对于这些推荐意见来讲，我们能够声称，它们的根据已经是最充分必要的。"为什么我们提出这个特别的推荐意见呢？""因为在我们能够考虑到的所有可能选择中，这个选择能够最好地为公共利益服务。""很好嘛，然后……"有时能够做出这种选择，有时做不出这种选择——什么时候能够做出这种选择，什么时候可能不应该这样做。

一个市政府对它的分区规划法令进行了重大修订；不可避免的结果是，这一分区规划调整让一些市民获益，却给另外一些人带来不便（或比较糟糕）。一个市政府积极推进对市中心滨水地区的新开发，一定会有获利者和损失者，例如，后者包括市中心其他一些位置上的房地产业主。一个修订的总体规划、湿地保护规划、市中心新的会展中心或表演艺术中心建设规划，这类规划，以及其他任何重大公共项目，都会不可避免地在成本和收益的分布上出现不相等的状况。实际上，任何规划目标都很容易得到来自各方公众的反应，每一方面都有他们自己的一组利益，各方利益常常发生冲突。哪些市民构成我们为其利益而服务的公众呢？面对一个以公共利益名义而展开的行动，多少人一定要获益？多少人一定受到损失呢？这些都是困扰公共利益观念的问题，这些问题最终使公共利益观念丧失掉其实质内容和效用。

社区并非铁盘一块。实际上，社区是子社区的集合（有些是空间意义上的，有些是共享利益意义上的），每一个子社区都有它自己的特征、价值观念和精神。另外，每一个子社区本身也是个人的组合，常常呈现同样的多样性。实际上，我们作为规划师所做的任何一件事，都会让一部分比另一部分（个人、组织、社区、机构）获得相对较多的利益。在任何一种规划情况下，我们都面对两个基本问题。首先，谁应该受益？第二，谁应该决定谁受益？第二个问题处在规划和政治的交集上，我们在后面的章节里还会讨论。第一个问题，谁应该受益？把我们带到了价值观念的领域，这是下一章的论题。

事实上，我认为，价值观念——规划师的价值观念，规划师所服务的那些多样性的个人和社区的价值观念——构成了规划的真正基础。归根结底，规划师做规划是因为他们掌握了推动他们做规划的价值观念。当然，那些价值观念未必总是流行的。实际上，在规划大旗下所做的每一件事都包含了对形形色色价值观念的综合，我们必须充分地协调这些形形色色价值观念，以此调整我们的行动。

的确存在一个公共利益，但是，我们每一个人都按照我们自己独特的方式去定义这个公共利益，而这种独特的方式反映的是我们自己的价值和利益。什么构成公共利益的概念，有可能指导个人的决策，但是，什么构成公共利益的概念，并不是向其他人证明我们那些决策的有效的逻辑起点。如果我们直接使用价值观念，即我们自己的价值观念和我们正在服务的那些人的价值观念解释我们的决策，可能会比较好些。[1]

★ 注释 ★

1. Richard E. Klosterman, "Arguments for and against Planning," in *Readings in Planning Theory*, ed. Scott Campbell and Susan S. Fainstein (Cambridge, Mass.: Blackwell Publishers, 1996), pp. 150–168.

2. An early and well-argued case for the provision of information as the primary justification for public planning is made in Stephen S. Skjei, "Urban Problems and the Theoretical Justification of Urban Planning," *Urban Affairs Quarterly*, Vol. 11, No. 3 (March 1976), pp. 323–344.

3. For discussion of this point, see Scott Campbell and Susan S. Fainstein, "Introduction: The Structure and Debates of Planning Theory," in Campbell and Fainstein, *Readings in Planning Theory*, pp. 6–7.

4. Klosterman, "Arguments," p. 155.

5 The wording is Klosterman's; see "Arguments," p. 162.

6. Terry Moore, "Why Allow Planners to Do What They Do? A Justification from Economic Theory," *Journal of the American Institute of Planners*, Vol. 44, No. 4 (October 1978), p. 391.

7. Ibid.

8. Ibid.

9. Ibid.

10. Klosterman, "Arguments," p. 152.

11. Moore, "Why Allow Planners," p. 390.

12. Elizabeth Howe, *Acting on Ethics in City Planning* (New Brunswick, N.J.: Center for Urban Policy Research, Rutgers University, 1994), p. 60.

13. Ibid., p. 62.

14. Richard Zeckhauser and Elmer Schaefer, "Public Policy and Normative Economic Theory," in *The Study of Policy Formation*, ed. Raymond A. Bauer and Kenneth J. Gergen (New York: The Free Press, 1968), p. 40.

15. William J. Baumol, *Economic Theory and Operations Analysis*, 2nd ed. (Englewood Cliffs, N.J.: Prentice-Hall 1965), p. 376.

16. Ibid., p. 378.

17. Ibid., p. 380.

18. See Kenneth J. Arrow, *Social Choice and Individual Values*, 2nd ed. (New York: John Wiley & Sons, 1963).

19. Ibid., pp. 2–3.

20. Israel Stollman, "The Values of the City Planner," in *The Practice of Local Government Planning*, ed. Frank S. So, Israel Stollman, and Frank Beal (Washington, D.C.: International City Management Association, 1979), p. 18.

21. For example, John Friedmann has equated the public interest with equity, with emphasis on equal access to resources. See "The Public Interest and Community Participation: Toward a Reconstruction of Public Philosophy," *Journal of the American Institute of Planners*, Vol. 39, No. 1 (January 1973), pp. 2–12 (including commentaries by Robert Nisbet and Herbert J. Gans).

22. Richard E. Klosterman, "A Public Interest Criterion," *Journal of the American Planning Association*, Vol. 46, No. 3 (July 1980), pp. 323–333.

23. Ibid., p. 329.

24. For an excellent discussion of this issue, see Susan S. Fainstein, "The Politics of Criteria: Planning for the Redevelopment of Times Square," in *Confronting Values in Policy Analysis: The Politics of Criteria*, ed. Frank Fischer and John Forester (Newbury Park, Calif.: Sage Publications, 1987), pp. 232–247.

25. Elizabeth Howe, "Professional Roles and the Public Interest in Planning," *Journal of Planning Literature*, Vol. 6, No. 3 (February 1992), p. 242.

26. Ibid.

27. Linda L. Davis, "Guidelines for Survival and Success," in *Planners on Planning: Leading Planners Offer Real-Life Lessons on What Works, What Doesn't, and Why*, ed. Bruce W. McClendon and Anthony James Catanese (San Francisco: Jossey-Bass Publishers, 1996), pp. 104–105.

第 5 章
价值观念和道德规范的关键作用

价值观念

就我们的讨论目的而言，我们能够十分简单地把价值观念定义为，帮助我们形成我们的观点、决策和行动的，我们须臾不可或缺的原则和标准。就个人而言，我们的价值观念是非常个性化的，反映我们的世界观（常常，但不一定，包括宗教的或哲学的观念）。价值观念形成了我们对与之交往的人、组织、机构的态度；例如，我们的政治取向就是我们价值观念系统的表达。实际上，价值观念对我们生活的方方面面都有很大的影响，包括我们在专业工作中的表现。

在规划专业出现的早期，人们就设想，规划师应当采取中性的价值观念。然而，这个设想已经屈服于了当代规划工作的现实。大部分规划师已经认识到，价值观念构成了他们在规划名义下所做的每一项工作的基础。很少有几个人是在期望获得高工资、软性工作负荷和名誉的基础上选择城市规划这个事业的；更多的人在做出这个职业选择时，常常抱有这样一种愿望，希望参与到"改善我们的社区"中来，或"让这个世界成为后代人更好生活的地方"。就规划工作而言，规划师所做的每一个决定，实际上都必然考虑到了包括在那种情况下的价值观念，他或她自己的以及其他人的价值观念。

规划师花费大量时间分析事物，难道他们的这一部分工作还要受到价值观念的影响吗？说来容易做来难。选择什么主题进行分析，通常就反映了选择者的价值观念，正如我们选择一种方法一样。在对一个特定街区的改善方案做出推荐意见时，我们是更多地依赖于对不同方案进行投入‐产出分析呢，还是更多地依靠对居民的劝说呢？如果是后者，那么，我们将依靠街区集会进行调查，确定关键群体或使用其他方法吗？所有这些选择都包含了我们的价值观念。另外，无论我们如何努力地想摆脱掉这些价值偏见，带到规划分析中来的价值偏见还是会发挥作用，这些价值观念上的偏见源于社会阶级、教育、政治哲学和其他个人特征。我们常常可以对通过研究所产生的"事实"做出各式各样的解释。实际上，在规划问题上，价值观念和事实之间的界限常常也是相当不清晰的。

是否存在那种所有规划师可以采用和指导他们工作的普世规划价值观念❶呢？1979年，以色列•斯托曼提出了这样一个清单，这个普世规划价值观念清单包括健康、保护资源、有效率、美、平等、多元论、个性化、民主参与、民主的责任和合理管理。[1]这份清单的确不错，但是，免不了出现歧义（斯托曼自己也承认这一点）。在把握这些价值观念上存在差异，也就是说，不同的人和群体会对这些普世规划价值观念做不同的组合，对它们做不同的解释，显示出不同的排列层次；在实践中，这些价值观念常常相互发生冲突。正如我前面提到的那样，价值观念是带有个人色彩的，所以，在特定情况下，哪一种价值观念应该成为主导呢？规划师的哪些价值观念应该主导他的判断呢？选举产生的官员的价值观念是什么？规划师的客户的价值观念又是什么？如果确有规划师的客户这样一种群体，那么，谁是规划师的客户呢？

为了说明试图制定一个普世规划价值观念清单的困难之处，我赞赏的教学方式之一是，要求我的学生找出他们认为地方社区很美的那些建筑来。可以肯定是众说纷纭，因为一个人的建筑杰作在另一个人看来确实丑陋。围绕效率概念，同样能够煽起类似的争议（受人尊重的细节导向的官僚在什么度上成为了"斤斤计较的人"），平等（我们是在谈论机会平等还是结果平等），实际上，斯托曼清单上的每一项都会引起一场争议。

约翰•弗里德曼在1993年的一篇文章上列举了他自己的职业价值观念，他把这个清单描述为是"建立在人本主义愿景基础上的"：

> 20世纪末，以下价值观念似乎特别需要严肃地加以思考：包容性民主的理想；给被剥夺权利的人们说话的机会；把被剥夺权利的那些群体合并到主流经济和社会生活中来，保护文化的多样性；让质量增长主导数量增

---

❶ 这里我们把"Universal Values"翻译成"普世价值"，其实，这与人们有时使用的普适价值、普遍价值、人文价值、人文精神、公认价值观、人类共同价值等词汇的意义一样。——译者注

长，包括可持续增长；性别平等；尊重自然界。[2]

这份清单也不错，反映了若干明显的内在矛盾，显示了与后现代规划意义的很大程度的协调。但是，这份清单很难得到所有从事具体规划工作的人们的完全和热情的认可，也不会在采用这些价值观念的程序上达成共识——甚至在专业规划师之间也做不到这一点。弗里德曼的愿望毫无疑问是明确的，他正在提出他自己的价值观念，并敦促其他人考虑这些价值观念，但是，他并非如此鲁莽地期待这些价值观念在规划专业上获得正式的身份。

创造一个人的职业价值观念清单并非一件坏事，事实上，我鼓励每一位规划师都这样做。当然，每一份这样的清单都是作者本人价值观念的反映，而不是一个重复收集起来的职业信条，所以，几乎不会有几个这样的清单会如出一辙。

除开这类职业价值观念清单外，是否存在任何一种能够构成公共规划规范性基础的根本性价值观念呢？回溯 20 世纪 70 年代以前，那时，人们把规划看成一种合理决策的操作，理论家们倾向于把规划看成一种功利主义的宣言，功利主义源于 18 世纪英国哲学家边沁（Jeremy Bentham）的理论。正如托马斯·哈珀（THomes Harper）和斯坦利·斯坦（Stanley Stein）所描述的那样，功利主义理论认为，最好的行动过程是，"无论什么，只要本质上是好的，如幸福或福利，我们使其总量最大化"的那种行动过程。[3]功利主义的这种看法意味着，规划师的作用是为最大多数的人创造出最大的好事，——这个提法很容易与公共利益的概念同日而语，可以用投入-产出分析和其他技巧来计算，进而使积极成果最大化。[4]哈珀和斯坦提供的一个实践中功利主义的例子是，"建设一条新的快速交通线的理由是，它的产出（承载更多的上下班通勤者）超出了它的投入（如伤害线路附近的人和居民搬迁，他们的数目微乎其微）。"[5]

现在，规划理论家已经基本上拒绝了功利主义的价值观念。作为公共规划的一种根本价值观念，功利主义价值观念的致命缺陷是，功利主义价值观念集中关注最大化社会（或社区）层面的特定好事的总量，而不关注个人在这件好事上所占的份额；换句话说，这种功利主义的价值观念忽略了规划产生的收益是要做分配的，事实上，这种功利主义的价值观念使用公共利益作为基础，去原谅因为社区公共利益而对社区中一些人造成很大伤害的行动。[6]

哈珀和斯坦曾经提出了另外一套价值观念体系，他们把这种价值观念体系描述为经典自由主义，当然，更一般地涉及了现在的自由主义。这种价值观念体系的核心是，"自由、平等、作为社会基本单元的自主的个人。"[7]这种价值观念体系特殊的原则包括，个人的自由，容忍不同的良好生活的概念，对法律的公正运用，约束政府的"强制性权力"，所以，这种自由主义价值观念体系基本上把重心放在保护个人的自由上。[8] 显而易见，在自由主义价值观念体系下，公共规划将是一个相对温和的事业。

另一个极端是社群主义的价值观念体系，强调多元化的价值观念，而不是个人的价值观念，社群主义是阿米塔伊·埃特兹奥尼（Amitei Etzioni）和其他人最近推崇的一种哲学。[9] 社群主义在一定程度上是对 20 世纪 80 年代出现的"唯我独尊"精神的一种反应，它提出，我们对个人权利的过分强调已经导致了社区权利的丧失。他们认为，应当恢复这种平衡。有这样一个例子：警察设卡检查毒品和非法武器，可能引起无辜的人们的不便利，但是，这样做给社区带来的收益要远远大于个人的一些不便利。

约翰·罗尔斯（John Rawls）提出了另外一个价值观念体系，强调把公正看成公共决策的基本标准。[10] 与为最大多数的人创造出最大的好事的功利主义价值观念不同，罗尔斯要求我们让处境最不好的人得到最大的收益。按照这种价值观念体系，规划应该集中在公平和平等上，努力保证社区的所有居民平等获得规划的收益。（诺曼·克鲁姆霍尔茨的克里夫兰规划方式反映了罗尔斯的价值观念体系，我们在第 8 章中来解释）。还有一些人努力在特定问题上发展一种价值观念体系，例如，从关心环境的角度出发创造出环境伦理学，而大量的决策以环境伦理作为基础，[11] 或者从妇女在资本主义社会的角色和生活经历基础上建立起价值观念体系。[12]

价值观念当然是规划理论的重要部分，当代规划理论家所做的大部分工作都基于价值观念的问题。例如，承认"改良的"政治意识形态的那些规划理论家和过去四分之一世纪以来的大量规划理论家都毫不犹豫地敦促读者采用他们的视角去看问题。[13] 奈杰尔·泰勒（Nigel Taylor）提出，对规划理论家而言，基于价值观念的一个关键问题是，规划师是否应该

> 致力于这样的规划工作，务实地与市场一道工作，在规划理想上做出一些妥协，至少实现一些事情。对这个问题的看法取决于一个人的政治伦理和意识形态。对于那些具有马克思主义意识形态的人们来讲，规划师绝对不应该与资本主义的开发商"一道"工作。按照马克思主义意识形态，目标是替代资本主义，而不是通过明确的交易去延续资本主义，这种交易让资本主义开发商进一步获利。政治自由主义从比较积极的角度看待市场体制，所以，也从积极的角度看待规划与市场一道工作的规划方式。[14]

至此，我在这里提到的价值观念体系真的为规划实践提供了一个普世的达成一致意见的基础吗？答案明显是否定的。不同的规划师采纳不同的价值观念，对一个人重要的可能是，不要去管别人采用了何种价值观念。另外，我们的价值观念是随

时间变化的，除开其他原因外，我们的价值观念反映了我们生活状况的变化。因此，价值观念体系本身是高度变动的；今年的时尚哲学，明年可能就不是时尚哲学了（斯托曼的价值观念清单是 1979 年制定的，现在看来似乎已经过时了；弗里德曼的价值观念清单发表于 1993，还比较与时俱进，但是到了 2015 年，它会如何呢）。

我曾经提出，价值观念对规划实践十分重要❶；实际上，价值观念渗透到了规划师很容易碰到的每一个专业问题上。通过详细的资料收集和分析系统地研究一个问题，最终还是不能排除概括。正如泰勒所说，因为决定选择什么比较好的问题依然存在，所以，"认为投入 - 产出分析能够提供无争议的正确'答案'，就是一种严重误导。统计计算不能解决选择性问题，究竟选择哪种行动比较好，依然取决于做选择的人的价值观念。"[15]

我也曾经得出过这样的结论，尽管在专业教育和实践过程中，规划师已经社会化了，但是的确不存在一个所有规划师都沿用的普世价值观念体系。我们每一个人可能都希望自己的价值观念支配规划事业；实际上，无数的著作和文章都在敦促其他人，某种价值观念对规划师是"正确的"。我们当然有理由设想，反映关注社区福利的或反映关注某种社区隔离的价值观念，比起与个人福利相关的价值观念更贴近规划。然而在最后的分析中，我们规划师承认，没有一个中心权威告诉我们，应该掌握什么价值观念；我们的价值观念依然是我们自己的价值观念，在这个问题上，多样性依然是主流。致此，我们说到了哪儿？

从本质上讲，价值观念本身是被动的——只有当我们应用价值观念时，价值观念的抽象原则或标准才变成具体的。思考价值观念的应用会引导我们思考规划的道德规范，在我看来，规划的道德规范是规划的价值观念的付诸于实践的那个具体部分。

道德规范

20 世纪 80 年代早期，我在一所地处美国中西部地区的大学设计学院里担任院长期间，到美国西南部地区的若干城市募捐。每到一座城市，我都去会见校友，向

---

❶ 以前翻译的一本书《良好社区规划》(中国建筑工业出版社)，作者卷首的第一段话就是，"人们或者喜欢新城市，或者讨厌它。有些人看到了紧凑型的新街区，采用褐色石头做外装饰，19 世纪风格的住宅或者乡村农舍令人陶醉：那里既可以享受城市的乐趣，又充满可持续到未来的希望。有些人则不然，他们认为这些地方不过是升级了的郊区，追随另一个时代和另一个地点的审美观：令人生厌的复古怀旧，时代错位。我们能够站在这两种看法之间，考察两种立场所隐含的价值观念吗？"这段话恰恰印证了本书作者的观点，规划摆脱不了价值观念。——译者注

他们介绍设计学院的近况和变化，鼓励他们给设计学院以经济上的支持。我在一次校友午餐会上遇到了一位经济上颇为成功的校友，那次会见特别有收获。他曾经是那座城市的首席规划师，正确地预测到那座城市将要到来的房地产繁荣。他辞去了公务员工作，与若干在私人企业里做规划工作的同行一起组建了一个开发合作企业。他们在最有利的时机里购买了大量的土地，挣了不少钱。在结束那次交谈时，他告诉我有些抱歉，因为他对其他慈善单位也有承诺，所以这次只允许他把给设计学院的捐献限制在 5 万美元，以后他会更多地给设计学院捐款。实际上，这次募捐过程中，大部分人的捐赠仅为 50～100 美元不等，所以，这位校友捐赠 5 万美金当然让我喜出望外，返回学院后，我一直认为这次募捐活动很成功。

当这件事公开之后不久，一个学生代表到我的办公室来，要求我拒绝这 5 万美元的捐款。学生们的判断是，因为这位捐献者依靠他在担任首席规划师时所获得的信息挣了这笔钱，在学生们看来，这样做是有道德问题的，所以，接受这笔捐款是不道德的。

我承诺考虑他们的意见，我也的确这样做了（我不会让自己处于尴尬的境地太长时间）。最后，我通知学生们，我决定让学院保留这笔捐款。很清楚，这个校友已经证明，他在做房地产投资之前已经辞去了公务员的工作。他在与他原先工作的部门重新发生联系之前已经留下了适当的时间。如果他真的利用做公务员时所获得的内部消息去发财的话，他当然是在做一件不道德的事，也是一件犯法的事。但是，实际情况并非如此，我的结论是，他并没有违反道德原则。

我描述这个案例是为了介绍道德困境的概念。我们所有的人都会在我们个人和职业生涯中面临这类道德困境。当我们问我们自己"什么是当下要做的正确的事情"？我们就面临一个道德困境。道德困境通常迫使我们反映我们的价值观念，我们如何把我们的价值观念用到实际面临的境况中。

在规划中，我发现，区别"微观的"和"宏观的"道德问题是很有用的；"微观的"道德问题涉及个人的职业行为，而"宏观的"道德问题涉及整个专业的集体行为。

国家一级的规划组织一般作为道德实践的界定者和推行者，现在，美国执业规划师学会承担了这一功能，我们在这一章里会讨论美国执业规划师学会颁布的道德规范。[1] 从历史上讲，正式的规划师道德规范一直都主要关注涉及个人职业行为的微观道德问题。20 世纪六七十年代，美国规划学会（美国执业规划师学会的前身）致力于推行它自己的道德标准，需要考虑的情况可能包括利益冲突，或不道德的使用内部信息，甚至违反正在竞标的规划咨询者绝不应该诽谤竞争对手这样一个原则。

现在，至少在规划文献中可以看出，人们更多地关注涉及整个专业的集体行为的宏观道德问题。公共规划涉及有关多种可能收益的性质、分配和时序的决策；毋庸置疑，这些决策面临大量的道德困境。规划部门似乎正在帮助腐化的政治家们，让开发商太舒适了，忽视了低收入街区特定项目的负面影响，对歧视或排斥性政策保持沉默，表现得太理想化而不去关注他们研究成果的实施，迎合选举出来的官员的偏见，这类道德抱怨已经成为老生常谈。这类指责背后的问题当然很不简单；强大的政治力量可能在产生影响，涉及大量的参与者，相关利益一般很重大。然而，这类指责给规划职业提出了真正的道德问题，在这类问题上，我们并没有让自己总是理直气壮。

还有一些人指责，太多的规划师像官僚一样陶醉在稳定和保险的职业生涯中，而不去推进平等、社会公正、环境质量和其他一些重要原则。例如，彼得·马尔库塞（Peter Marcuse）曾经断言，目前践行的规划道德是"维持体制的"，而不是"挑战体制的"。他认为，规划师的职业道德倾向于强化已经建立起来的权力关系，我们已经避开了可能产生完全不同道德的方面。[16]

过去几十年里，大众哲学领域里广泛讨论的概念是"情境伦理学"。情境伦理学的概念以这样一个命题为基础，没有几条道德原则能够用于所有情境中，一个行动的情境帮助形成这个行动的道德内容。这样，在一种情境下不道德的行动，可能在另外一个情境下是非常有道德的行动（哄骗一个濒临死亡的事故受害者，杀死对一个家庭构成威胁的武装入侵者，这些都是典型的情境）。

我认为，规划师的确常常面临涉及情境伦理学所描述的那类决策。许多年以前，宾夕法尼亚州一个富裕郊区的首席规划师受命草拟一份这个县的分区规划修正案，期待大大增加宅基地规模，以给新的开发供地。这个目标明显是排他性的。这位首席规划师没有服从这个指令，他辞去了首席规划师的职务。他的原则性立场在规划圈里受到很大的赞扬，很快得到了若干其他的工作机会。当然，注意到这一点是很重要的，当时，联邦的规划基金十分丰厚。那时，美国规划协会每月都分配规划方面的工作岗位，《规划工作岗位》当时是一本很厚的"小册子"，有规律地刊载全国成百的工作岗位。当然，现在的情况有了很大的变化；工作队伍缩小了，工作任务并不充足，工作岗位市场在整体上不如20世纪70年代那样富有流动性。所以，规划师在工作岗位上的流动性减少了，他们处心积虑地保持住自己已有的工作岗位。这种情境必然使规划师在改革上更为谨慎。我可能把辞职看成一个特定问题上的重大原则，我能确信，我即刻能够在别的地方找到另一份工作，而且那里是我乐于生活的地方吗？我们的家庭能够承受几个月微薄的收入或无收入的状况吗？这类问题不能不让我们想一想，从而处事更为谨慎。我提出这个问题并不是为规划行为上的道德过失辩解，我只是简单地认为，情境因素事实上影响着道德环境，现在的工作市场就是这种情境因素之一。紧缩的工作市场毫无疑问地会对规划道德领域构成特殊的挑战。

◆ 规划实践中道德困境的分类

有关规划师在其工作中所面临的道德困境的讨论已经很多了。[17] 我认为，大多数这类道德困境涉及以下五类问题中的一个或数个：

（1）忠诚于自己的雇主对忠诚于一个比较广泛的原则或一组原则。辞去自己工作，而不按照领导的意见制定一个具有排斥性的分区规划修正案的那位总规划师，通过坚持他的原则走出了他所面临的道德困境。当然，我想本书的每一位读者都能想到与此相反的例子，也就是说，为了帮助他们的领导（无论是总规划师、城市经理，还是选举出来的官员），规划师们牺牲掉自己的原则。事实上，许多读者都会有这类个人经历；有时，为了保住自己的工作，别无选择。因为经常做违背自己价值观念的事情会摧毁自己个人和职业的自尊，所以许多规划师已经确定了一个"辞职底线"，如果超出了这个道德底线，他们就将辞职走人。实际上，这个道德底线是我们职业价值观念体系的一个重要因素。

（2）信息的控制和释放。如果的确有这种情况，什么时候泄露秘密的信息是道德上允许的？规划师可能感觉到，把规划中的娱乐综合体这类信息泄漏给一个能够从信息中获得经济收益的开发商，没有什么诱惑力，但是，规划师是否也很勉强与希望能够阻止因为建设这个娱乐综合体而损害环境的环境保护团体共享相关信息呢？一位非洲裔美国规划师了解到这样一个计划，在黑人街区里清理出一块地方让一所地方大学扩大校区；这位规划师泄漏了信息，从而使这个街区组织起来，反对这项计划，他这样做合理吗？显然，按照"忠诚于自己的雇主"这一原则，在两种情况下都不能泄漏信息，然而诱惑出现了，这个诱惑起源于规划师对其他人所承诺的价值观念和原则。

（3）信息的精确性和诚信。马丁·瓦格斯（Martin Wachs）曾经讨论过规划师所面临的这样一种困难，即要求规划师编造或篡改研究中的数据，从而让城市（和它的官员们）更有脸面。[18] 他的例子实际上包括了这样一些做法，公布对计划开发项目表示支持的积极反应，而不谈及负面反应；在定量模型上重新设置一些假定，从而产生出客户希望看到的结果；对人口或经济发展做出夸大其词的乐观预测。[19] 把一个地方的研究结果应用到另一个地方，或者把明显过时的数据拿出来当作目前准确情况加以描述，这些同样是一种麻烦的情境。[20]

相当大量的规划理论都集中讨论过规划交流的精确性和诚信等问题，我们在第九章中对此会做专门的考察。现在我们只要注意到，在产生、分析和与他人交流的信息的精确性和诚信上，规划师承担着重大的道德责任。

（4）在认为正确和受欢迎之间的冲突。规划师常常分析多种方案（可能的行动、开发、位置、规模、时序等等），他们知道，他们认为最正确的方案未必是公众接受的或政治支持的那些方案。事实上，有时对一个问题最"受欢迎的方案"正是规划师认为，将来会出现比较糟糕情况的方案。

一个大工业要求在你所在县的滨水地区建设工厂。你知道这个选址是完全错误的，环境问题肯定会发生，你也知道承诺给这个企业的补贴不合乎增加税收的合理预期，你还知道这项开发所产生的大部分工作岗位都会被县外人士所占据。你努力说服其他人，而这些观点成了聋子的耳朵，地方选举产生的官员们要求不计成本地让这个企业在县里落脚。你能做什么？你应该向规划委员会报告，与他们交流你的真正看法，或为了安全起见，仅仅告诉他们你知道他们希望听到的那些事情？我们必须顾及我们的价值观念和道德规范。

（5）捷径。因为只能找到这样一些不可靠的数据，所以使用了这些不可靠的数据，因为可能耗时和耗费钱财，超出预算，所以忽略了一些资源或方法，得到了最终结论，而手头的数据并不真正支撑这些结论。在这种情况下获得的研究结果可能与更合格的研究所获得的成果大相径庭。如果认为市民参与会引出麻烦的要求，而不会增强决策合法性的机会，所以省略掉市民参与这一环节，这样做能够避免多种令人不愉快的情景，但是，可能产生事与愿违的后果。诱惑规划师做出走捷径的任何一种情形其实就是没有尽力而为，它们都是产生道德问题的情景。

有时，我在课堂里使用"道德困境"作为一个练习。"道德困境"包括了我已经描述过的几种道德困境。读者可能会发现，对以下这个"道德困境"案例做些思考，决定这个首席规划师将会如何对最后的问题做出反应很有用处。

道德困境

你是弗吉尼亚州普莱森特维尔（Pleasantville）的首席规划师，普莱森特维尔是一个有 70000 人的城市。你直接向市长报告工作，她认为经济发展是她的首要任务。她已经成功地说服了新英格兰的一家化工厂把制造设施搬迁到你的社区来，这个企业已经指定了一个滨河的场地（目前分区规划划定这个地方为"低密度居住区")作为它唯一的可以接受的厂址。这个企业的老板威胁道,"如果我们不能得到这个场地,我们就去那些更看重经济发展的社区落脚"(令人哭笑不得的是,你恰恰生活在离这个场地仅三个地块之隔的"幸福庄园"里)。

一方面,估计这个工厂建设起来后能够给这个社区产生 200 个新的工作岗位,就业增长是普遍受到欢迎的。另一方面,你严重关切这个企业的不良环境记录,尤其是这条河流流经你的社区,还要通过其他几个人口稠密的地区,最后进入切萨皮克海湾。当然,由于这个企业搬迁所带来的明显的经济效益,似乎没有几位市领导似乎在关心可能的环境问题。

当你向市长表达了你的考虑,她的反应是愤怒。她断言,"让这个企业落脚符合我们社区的公共利益,我要求你使用你的权力去做每一件事情,重新制定分区规划,使用税收奖励,以及任何其他合法的手段,保证这个事情得以通过。完成这个引进项目。"

与此同时,代表你居住地区的幸福家园街区协会已经宣布了一个夜间集会,旨在发展一个战略,以反对这个设厂计划。这个街区的大部分人都欢迎这个企业将要创造的工作岗位,但是,他们并不同意让这个工厂太靠近他们的家;他们最关切的是,与一个化工厂相邻将损害他们房地产的价值。这个街区协会的主席已经邀请你参加这个集会,作为一个"掌握情况的人"要求你带来有关这个企业的信息,这个企业在其他地方的环境记录,这家企业打算在这个滨河场地上做开发的细节,以及它可能给这个街区带来的可能风险。

在决定如何应对这个邀请时,也就是说决定是否参加这个集会时,你必须考虑的主要问题是什么?有关这些问题,你的决定是什么?为什么?

◆ 美国执业规划师协会的道德规范和职业道德

正如前面提到的那样,国家组织常常负责制定和推行标准的职业道德规范。对于规划师来讲,美国执业规划师协会承担了这项工作,1978 年,它公布了第一版的《道德规范和职业道德》,1991 年做过修订。这个规范的愿望是,给规划师提供一个道德指南,指导他们克服在实践过程中可能面临的诸种困难。在某些方面,这个指南不错,而在另外一些问题上,这个指南还有一些问题。

在我看来，这个《道德规范和职业道德》存在两大问题。首先，最严重的是，《道德规范和职业道德》依靠在实践中几乎没有具体使用意义的概念为基础。《道德规范和职业道德》说，"规划师的基本义务是服务于公共利益。公共利益的定义是通过长期争论后形成的，规划师必须忠诚于这个经过认真讨论而获得的公共利益概念。"[21]正如泰勒已经提出的那样，人们在谈论公众时有这样一种倾向，仿佛公众是"一个无差别的群体。这当然不是实际情况，任何现代社会的公众都是由所有种类的不同群体构成的，他们有着不同的利益，有时这些利益之间是不协调的。"[22]规划师为哪种公众服务呢？另外，断言"公共利益的定义是通过长期争论后形成的"产生了一个有趣的哲学之谜：如果期待这个争论达到终极状态，——建立起一个可以操作的定义——我们不应该等到我们有了这个终极状态时再去运用它吗？另一方面，如果我们期待这个争论无限期地进行下去，如何让规划师去为一个发展中的和不确定的原则服务呢？"规划师必须忠诚于这个经过认真讨论而获得的公共利益概念"这个陈述意味着，这个定义因人而异（事实真是这样）；但是，在任何特定情况下，美国执业规划师协会如何知道规划事实上已经服务于公众利益呢？简而言之，《道德规范和职业道德》的这一方面既是存在内在矛盾的，也是不能操作的。

公正地讲，我们必须注意到，这个有关公共利益的陈述之后，紧随了七个"规划师专门义务"条款，涉及关注长期后果，决策的相互联系，提供清晰和精确的信息，有意义的市民参与机会，扩大所有人的选择和机会（"强调规划对弱势群体和个人需要的责任"），自然环境的完整性，优秀的环境设计和保护。每一个条款都给规划师提出了一项道德，不过层面很高。当然，这些专项义务都是独立存在的；并非把它们加起来就等于公共利益，也不需要在公共利益的定义下把它们归纳在一起，它们才有意义。

这个《道德规范和职业道德》的第二个主要条款提出，"在追逐客户的利益或雇主的利益的工作中，表现得勤奋、富有创造性、独立性和称职，是规划师的应尽职责。这些表现应该与规划师对公共利益的忠诚一致。"这里，我们碰到了一个内在矛盾。如果客户的利益与雇主的利益发生冲突，会发生什么呢（我看这是常事）？《道德规范和职业道德》说，"客户的利益或雇主的利益"，而不是客户的利益和雇主的利益，这样做决策是可以接受的。当然，这是否意味着，只要服务于雇主的利益，触犯客户的利益，真没有什么问题？我怀疑，只要雇主的利益得到服务，触犯客户的利益没有什么问题，是这个规范的真实意图。"忠诚地为公共利益服务"也显现出困难。如果我们不知道公共利益是什么，我们如何忠诚于它呢？如果我们个人的公共利益概念与我们的客户、我们的雇主或两者所认为的公共利益发生冲突，我们是否有理由不考虑他们的利益呢？

"忠诚地为公共利益服务"这个主要原则之后再次紧随一个在道德上有所为和有所不为清单，它们中的大部分（除开继续忽视客户 - 雇主冲突的可能性的那些条款外）是特殊情境下的，所以可能有用。另外两个主标题，一个涉及规划师对职业和同事的责任，另外一个涉及"高标准的职业诚信、娴熟的技能和知识，"使用这个清单支撑的两个方面也在本质上是不容争辩的。[23]

最后，《道德规范和职业道德》是一个混合起来的大口袋。一方面，它提供了在特定情况下的道德和不道德的定义。另一方面，它留下了悬而未决的一些职业的主要理论困难，实际上，可能通过前面提到的引入内部矛盾，来混淆这些职业的主要理论困难。另外，很遗憾，这个《道德规范和职业道德》太依赖公共利益的概念了，而对于公共利益这个概念而言，《道德规范和职业道德》并不能够提供可以操作的定义。

结　论

如果我们有一组道德规范，告诉我们在每一种情形下如何做工作，我们规划师的营生可能就没有那么大的压力了；这组道德规范让我们不再需要思考，我们的道德困境也不需要做那些困难的选择了。的确，美国执业规划师协会的《道德规范和职业道德》提出了使用于一些特定情况的方向，但是，它并没有提供一个定义完善、内在逻辑一致，而且可以用于广泛情境下的规划道德规范体系。另外，没有任何个人或组织具有阐述这个体系所必须具有的权威性，所以，规划师不可能找到那种包罗万象的道德规范。

这是否会让规划职业处于道德上不堪一击的地位上呢？我并非这样认为。事实上，我的问题是，为了使规划工作延续下去，无论是否真有这样一种价值观念和道德规范，所有的规划师都必须服从一种统一的和包罗万象的职业价值观念和道德规范。正如亚瑟·巴鑫（Arthur Bassin）已经提出来的那样，规划师与其他人一样"选择他们自己的政治和个人承诺，以民主制度下负责任公民的方式行事。"[24] 我们没有党派，我不认为这种情势有什么遗憾。

当然，没有这种统一的和包罗万象的职业价值观念和道德规范意味着，涉及价值观念和道德规范的最重要的过程，最终还是发生在规划师的内心世界里。作为一个专业人员，我们每一个人都应该努力追求基于我们最重要价值观念的有道德的行为。理查德·柏兰（Richard Bolan）指出，我们不可能成功地制定出一个"单一的、一般的规划实践道德理论,"但是,他强调了作为规划工作基础的道德意义。

> 作为一个有道德的人,实际工作者不断在社会领域里做出道德判断和决策,社会领域的重要特征是,充满着冲突的诉求,有些冲突十分明显,有些则是不清晰的、隐含的、隐蔽的和不可言传的。实际工作者的道德角色实际上更凸显在职业创造性和想象方面,这一点是有别于科学"解谜"的角色。规划职业的真正任务不是展示聪明和智慧,而是创造一种新的价值观念意义。这样,每一个实践者的真正挑战是,成为一个具有创造性的有道德的人。[25]

我、其他规划方面的作者、我们的雇主或选举出来的官员、美国执业规划师协会或我们生活中其他任何重要的个人或机构,没有任何一个人能够给我们提供一组确定的和普世的道德规范,覆盖所有的情形。每一位规划师应该具有的重要美德是对实践的价值差异的自我意识、内省和敏感。每一位规划师都应该对自己工作的道德方面十分敏感,应该能够在道德困境出现时认识到它。总之,每一位规划师应该在自己的价值观念体系基础上形成自己的和具有个性的有道德的职业行为概念。有了这种概念的规划才是独特的和高尚的;没有这种概念,规划不过是一种工作而已。实际上,公共规划的基础是由做规划实际工作者的那些人的价值观念和道德规范组成的。公共规划的职业基础像职业价值观念体系那样,是实实在在的。

★ 注释 ★

1. Israel Stollman, "The Values of the City Planner," in *The Practice of Local Government Planning*, ed. Frank S. So, Israel Stollman, and Frank Beal (Washington, D.C.: International City Management Association, 1979), pp. 8–14.

2. John Friedmann, "Toward a Non-Euclidian Mode of Planning," *Journal of the American Planning Association*, Vol. 59, No. 4 (Autumn 1993), p. 483.

3. Thomas L. Harper and Stanley M. Stein, "A Classical Liberal (Libertarian) Approach to Planning Theory," in *Planning Ethics: A Reader in Planning Theory*, *Practice, and Education*, ed. Sue Hendler (New Brunswick, N.J.: Center for Urban Policy Research, Rutgers University, 1995), p. 14. Also see Nigel Taylor, *Urban Planning Theory Since 1945* (London: Sage Publications, 1998), pp. 79–80; Elizabeth Howe, "Normative Ethics in Planning," *Journal of Planning Literature*, Vol. 5, No. 2 (November 1990), p. 127; and Hilda Blanco, *How to Think about Social Problems: American Pragmatism and the Idea of Planning* (Westport, Conn.: Greenwood Press, 1994), pp. 141–142.

4. Taylor, *Urban Planning Theory*,

p. 80.

5. Harper and Stein, "Classical Liberal Aproach," p. 15.

6. Ibid.

7. Ibid., p. 12.

8. Ibid.

9. See Amitai Etzioni, *The Spirit of Community: Rights, Responsibilities, and the Communitarian Agenda* (New York: Crown Publishers, 1993); and Hilda Blanco, "Community and the Four Jewels of Planning," in Hendler, *Planning Ethics*, pp. 66–82.

10. See John Rawls, *A Theory of Justice* (Cambridge, Mass.: Harvard University Press, 1971). For a commendably accessible discussion of Rawls's impact on planning thought, see Shean McConnell, "Rawlsian Planning Theory," in Hendler, *Planning Ethics*, pp. 30–48.

11. See, for example, Harvey M. Jacobs, "Contemporary Environmental Philosophy and Its Challenge to Planning Theory," in Hendler, *Planning Ethics*, pp. 154–173.

12. See, for example, Leonie Sandercock and Ann Forsyth, "A Gender Agenda: New Directions for Planning Theory," *Journal of the American Planning Association*, Vol. 58, No. 1 (Winter 1992), pp. 49–59; and Sue Hendler, "Feminist Planning Ethics," *Journal of Planning Literature*, Vol. 9, No. 2 (November 1994), pp. 115–127.

13. See, for example, Robert Beauregard, "Bringing the City Back In," *Journal of the American Planning Association*, Vol. 56, No. 2 (Spring 1990), pp. 210–215.

14. Taylor, *Urban Planning Theory*, p. 128.

15. Ibid., p. 79.

16. Peter Marcuse, "Professional Ethics and Beyond: Values in Planning," in *Ethics in Planning*, ed. Martin Wachs (New Brunswick, N.J.: Center for Urban Policy Research, Rutgers University, 1985), pp. 3–24.

17. For broad and insightful treatments of this topic, see Wachs, *Ethics in Planning*, and Elizabeth Howe, *Acting on Ethics in City Planning* (New Brunswick, N.J.: Center for Urban Policy Research, Rutgers University, 1994). Howe and Jerome Kaufman have authored, both singly and together, a number of articles reporting on their research on the ethics of planning practitioners and students. Also valuable is the work of Carol D. Barrett, who has developed a number of ethical scenarios that illustrate the types of dilemmas being described here; see, for example, "Planners in Conflict," *Journal of the American Planning Association*, Vol. 55, No. 4 (Autumn 1989), pp. 474–476.

18. Martin Wachs, "When Planners Lie with Numbers," *Journal of the American Planning Association*, Vol. 55, No. 4 (Autumn 1989), pp. 476–479.

19. Ibid., p. 477.

20. Ibid.

21. The code appears in a number of publications. A recent one—and the one I am employing here—is *Planners' Casebook 30/31*, Spring/Summer 1999. Given this diversity of sources, I will dispense with page numbers in this discussion.

22. Taylor, *Urban Planning Theory*, p. 50.

23. A somewhat more general critique of the code was published in 1988 (and thus before the last set of amendments) by William H. Lucy, who felt that it oversimplified a number of difficult issues confronted by planners. See "APA's Ethical Principles Include

Simplistic Planning Theories," *Journal of the American Planning Association*, Vol. 54, No. 2 (Spring 1988), pp. 147–149.

24. Arthur Bassin, "Does Capitalist Planning Need Some Glasnost?" *Journal of the American Planning Association*, Vol. 56, No. 2 (Spring 1990), p. 217.

25. Richard S. Bolan, "The Structure of Ethical Choice in Planning Practice," in Wachs, *Ethics in Planning*, p. 87.

第三部分

公共规划不同范式介绍

★

◆ 引言

我们应该如何编制公共规划呢？第 2 章里，我提到过规划的功能性规范理论和为了规划的理论（与关于规划的理论和属于规划的理论相反）。以下四个章节将集中讨论这种类型的理论，通过考察已经提出来供规划师们使用的主要范式来展开这个讨论。

这样的考察需要一个分类系统，这里，我将使用一个多年来证明结果还不错的方案。我沿着两个方向对这些范式做出划分：范式中设想的规划核心和规划的模式。与这个核心相关，把规划设想为一个集中过程的策略与把规划看成基本上是分散过程（从下至上的过程）的策略区分开来。与这个模式相关，把规定某种合理行为形式的策略与认为合理性不可能或不能操作，所以规定了多种形式非合理行为的策略区分开来。如下表所示，这两个方向产生了四种一般类型的规划策略。

就每种策略在高度政治的规划实践中的可行性和可能的使用而言来描述和评估每一种策略。中心问题是：这种策略能够操作起来吗？如果它能够操作起来，是在什么情况下可以操作起来的呢？

规划策略分类表

规划模式		规划核心 集中的	分散的
	合理的	作为应用科学家的规划师：综合的合理性	作为政治活动分子的规划师：倡导
	非合理的	规划师们面对着政治：渐进主义	作为交流者的规划师：交流行动

第6章
集中的合理性：作为技术型专家的规划师

合理性的性质

如前所述，如果规划理论家实际上始终不相信规划是按合理性运作的，那么我们为什么还要花时间来讨论这个问题呢？我的回答基于这样一个事实，尽管规划理论家有这样的看法，但是规划的合理模式依然在规划实践领域里广泛使用。当我们要求一个专业规划师描述一下他或她如何编制规划，运气好的话，我们会听到某种版本的合理模式。规划学院常常在这个问题表现出分裂的状态——在规划理论课上诋毁合理性，而在方法和实践课上继续引以为豪地传授合理性。合理性就如同恐怖电影中的怪物，虽然不存在了，却频频出现在公众场合。合理性是有瑕疵的，可是，合理性仍然是规划实践中的主导范式，所以值得继续推敲。

合理性是规划的本质，这个观点起源于许多地方。最重要的发源地之一当然是芝加哥大学的城市规划研究生课程，第二次世界大战结束不久，这个课程开设时间不长，但是影响很大。主持这个课程的一些教师参与过20世纪30年代罗斯福任总统期间所展开的美国国家规划工作，这个课程第一次强调了规划的社会科学方面的问题；这些教师和这批学生后来分布到了全国其他的规划研究生院，这样，合理性的原则就散布开来。[1]

这些芝加哥的学者们主要依靠古典经济理论的"合理的人"，这个"合理的人"总是以最大化他的功效或满意程度的方式行事。这些把重点放在合理性上的学者们，本质上是努力把科学方法用到规划上来。这些学者首先是应用的社会科学家，合理性是他们希望用来建设一个更有秩序的、有吸引力的和公正的美国城市的主要工具。

合理性当然是一个含糊其辞的术语，人们用许多不同的方式去使用它，所以有必要澄清这里是如何使用这个术语的。首先，我们要在两种类型的合理性之间做一个区别：纯粹的（或客观的）合理性和实用的（主观的、定性的、界定了的）合理性。纯粹的合理性是一种推理模式，如果我们对特定情形下的所有因素具有完善的认识，那么我们会使用这种推理模式。对于规划师来讲，设定了一组将要实现的目标，在这种情况下，纯粹合理性意味着能够接受所有可能的行动过程，以追逐所有的目标；纯粹合理性还意味着能够确定地预测每一种可能行动过程的后果。这种合理性当然是不可能的；纯粹的合理性只是一种理想，一种构成理论连续统一体逻辑端点的抽象概念，现实世界里并不存在。

另一方面，实用的合理性不过是当我们应用我们的远见和智力去解决问题或勾画未来时在这个现实世界里应用的一种推理形式。正如尼拉吉·维尔马（Niraj Verma）曾经指出的那样，实用的合理性是"直觉的反面"，它与"科学方法、有条理的决策相关，使用如数学模拟和检测假说等方法和分析技巧。"[2] 客观世界中存在的许多种类的约束限定了这种合理性；当然，我们认为，人类不能避免这些约束。在整个人类历史的长河中，人们竭尽全力地扩大可知的和可以管理的世界范围。但是，客观世界中存在的约束还在继续延伸到更远的客观世界里，在分析的最后，客观世界中存在的约束还在那里。实用的合理性并不要求我们非得有完善的知识，它仅仅要求我们很好地使用已经获得的知识。规划师并没有超出任何其他人的纯粹合理性的能力，对于规划师来讲，实用的合理决策不过是这样一种决策，在给定时间和可以使用的其他资源条件下，规划师在这个决策中能够完全考虑到的选择和后果。[3]

人们使用多种方式以及高度可变数量的阶段描述了实用的合理方式中的规划过程。在马丁·梅尔森（Martin Meyerson）和爱德华·班菲尔德（Edward C. Banfield）1955 年撰写的一本书的附录中，对此做过最详细和经久不衰的描述，从那以后，各类描述不计其数。[4] 我并不去评论这些文献，我只是简单地提出，大部分对实用的合理方式中的规划过程的描述都提出过以下论点中的这一个或那一个。

（1）目标。我们要实现什么？

（2）选择方案。什么行动过程有可能适合于实现我们的目标？

（3）结果。这些选择方案可能导致什么样的积极的和消极的后果？

（4）选择。在以上步骤的基础上，确定了对我们最重要的价值，我们应该采用哪一种选择方案？

（5）实施。如果已经确定了行动过程，我们会如何实施呢？

（6）评估。我们选择的行动过程在什么程度上正在实现我们设立的目标？

我们必须接受的实用的合理性形式当然不能解决与合理决策相伴的不可避免的问题。我们真能确定我们的目标是适当的、不含糊的和所有主要利益攸关者都同意的吗？由于我们想到的行动过程远远少于可能有效的行动过程，我们如何知道选择哪一种来做进一步的研究呢？相类似，由于任何大型行动的后果实际上都是无限的，一石激起千层浪，我们如何决定哪一种结果遵守了我们的分析呢？我们对那些不能预测的重大后果能做什么呢？恩斯特•亚历山大（Ernest Alexander）曾经提出，在规划中，合理性"意味着行动的计划、政策或策略是以有效的假设为基础的，包括所有构成成分的这种计划、政策或策略基础的相关信息、理论和概念。"[5] 我们以什么样的基础（除开分析的字眼）来决定这样的假设实际上是有效的，没有任何相关信息被忽略了？

遗憾的是，就概念本身而言，实用合理性的概念缺乏行为规则；实用合理性的概念告诉我们最好地把握住情况，然而，它并没有告诉我们如何评估这种情况，什么构成那种情况"最好"，或如果这种情况的边界和约束并不足够清晰怎么办（规划师被告知，他或她仅有 10 天的时间，2 万元的资金，产生 6 个不同的方案，这种情况是否很常见呢）。我认为，只有让实用的合理性运作起来，也就是说，只有当我们把实用的合理性具体化为一个具有一组指令的规划模式或策略时，实用的合理性才可能有用。人们已经开发了许多这样的规划模式，它们都试图减少不确定性的程度，这种不确定性存在于把实用的合理性用于规划问题的过程中。我在这一章里会考察一些这类模式。

当然，让我们首先考察这样一些人的意见，因为人类在智力上和心理上都是有局限性的，所以他们拷问了合理规划的真正的可行性。罗伯特•达尔（Robert Dahl）和查尔斯•林德（Charles Lindblom）在他们 1953 年的著作中提出："为了行动合理，人们需要考虑的选择方案会超出他们有限的思维能力。"[6] 这个约束让赫伯特•西蒙（Herbert Siman）提出他的术语"有限合理性原则"："人类拟定和解决复杂问题的思维能力与问题的规模相比要小很多，解决这些问题需要现实世界里的客观的合理行为——或甚至要求合理地近似于这种客观的合理性。"[7]

我们面临的问题有时大于我们能够完全把握它们的能力，拒绝这一点是不理智的；我们已经提到过这样的现象，当代城市问题的"邪恶的"性质。这种情况还在恶化。我们的心理障碍——我们的焦虑——产生了第二组约束。这里的问题不是我们合理性的有限属性，而是能够削弱我们合理性的不合理的冲动。达尔和林德在下面一段文字中讨论了弗洛伊德对人的看法（注意，这段文字写于学术文章中出现性别意识之前，许多妇女可能会同意它描写的这个结果）：

> 他是一个自闭症患者，他摧毁了现实以适合于自己内在的需要，使他摧毁的现实的画面成为对他行动的前提。他是强迫性的。他把自己的动机和对现实的观点投射到别人身上；他把强有力的和紧急的需要深深地抑制在担心受到来自有意识的或其他人的惩罚的不自觉之中，把他压抑的需要不可辨认地转移到其他目标上，获得和展示夸大的担心，给这个世界涂上遗忘了的童年激动的色调，表达对埋藏已久事件的仇恨和怨恨，合理化他的所有行动；为了欺骗其他人，他给自己的外部行为披上虚伪的和不诚实的外衣，甚至为了欺骗自己，他给自己的最深层的愿望披上虚伪的和不诚实的外衣。[8]

我们要求这个小伙子来规划我们的城市？

我们大部分人都会认为，这是对一个非正常的人的描述，而不是一个高度神经质的人。换一种想法，我们可以考虑这样一个事实，在最近有关人类行为的理论中，这个描述有些过时了。但是，谁能否认，我们每一个人实际上都是通过我们自己独特的眼睛在看世界呢？谁又能声称他从来没有表现出过这里描述的特征呢？

在这个引文中，这个问题被毫无疑问地夸大了，但是，我们几乎不会怀疑我们的确具有倾向于与我们的合理性能力对着干的心理特征。例如，想想我们希望通过合理行动而实现的目标。肯尼斯·阿罗曾经提出，个人的效用函数（即他的目标排序）变化巨大，实际上每天都在变化。[9]因此，个人甚至不可能获得一个一致的效用函数："事实上，个人是一个自我的集合，如果这些自我知道这个追求，追逐其他自我的价值的每一个自我可能是冷漠的或有敌意的。"[10]

尽管有这些约束，日常生活和工作中我们大部分人在调动足够的合理性上还是成功的，而且往往相当成功。这里提出这些看法的目的很简单，正如达尔和林德所说，是为了"提出一个警告，不要把我们追逐合理社会行动的能力浪漫化。"[11]

我们克服个人局限性的办法之一是，在组织和机构中与别人联合起来，就合理性的可能性而言，这样做似乎有超出个人的许多优势。因为机构传承了原先成员的知识而成为一个知识库，机构的集体知识远远超出它的任何个别成员的知识。机构比起个人更有可能采用系统的方式汇集与它功能相关的信息。机构还不断检查其成员明显的心理变化；不合理的冲动可能通过组织的适当行为规范得以消除。

我设想，这些优势都是存在的，但是，这些优势并不一定能够克服我们前面描述的合理性困难。如果个人必须接受他们内在不一致的效用函数，那么，当大规模公共政策问题处在十字路口时，这些机构有多大的困难去协调机构成员间多样性的价值观念呢？

班菲尔德列举了"妨碍所有组织规划和合理性的六大令人信服的理由。"[12] 简单地讲，这六大理由是：（1）未来充满着不确定性，可靠的预测一般不会超过五年；（2）即使能够提前决定一个行动过程，因为这将引起有组织的反对行动，所以常常不希望这样做；（3）因为规定通常使大多数组织不会去做与他们现在所做区别太大的任何一件事情，所以对大多数组织来讲，考虑根本不同的选择方案是没有多大用处的；（4）组织关注现在的结果，而不是未来的影响，所以，组织不太可能像个人那样推迟现在的成就感；（5）维持组织的目标——为了保持组织生存的名义保持组织的生存——常常是最为重要的；（6）规划需要资金和首席规划师们的时间，人们常常认为，资金和首席规划师们的时间最好花在其他地方（例如，解决现在发生的矛盾）。班菲尔德的确夸大了一些理由，以说明组织既不能在行为上合理，也不能在计划上合理；对于这些理由，我们不难举出反例来。

必须记住，个人和组织具有许多限制它们合理运行的特征。然而，这些特征本身并不诋毁合理性。人们已经提出了很多绕开这些限制的方式，其中之一就是创造策略或模型"实际的"使用合理性。

基于合理性的规划策略

如前所述，无论是纯粹合理性，还是实用合理性，合理性几乎单独在规划过程中不发挥什么作用。只有把合理性具体地体现在操作模型或策略中，并加上指令之类的东西，合理性才有可能发挥作用。许多这类模型充斥着规划领域，在引入"比较新的、比较好的"方式时，它们才会消失。约翰·布莱森（John Bryson）在他有关规划策略的著作中抱歉地提到，领导和经理们"可能抱怨强加给他们的有一个具有前景的管理技术。他们已经知道了成本效益分析法、规划—项目—预算系统方法、零基预算法、目标管理、全面质量管理、革新、再造，以及作者和管理咨询人员叫卖的其他技术。"[13] 我们还可以给这份清单再加上统计决策、博弈论、运筹学和系统分析，等等。这些技术在不同程度上充分利用合理性的观念，以解决现实的问题；每一种技术都有风行的时候，而当人们再次提出新的技术时，老的技术就被束之高阁了。

也许规划合理性观念最纯粹的表达是，20世纪50年代和60年代出现的大规模土地使用和交通运输计算机模型的开发。"芝加哥地区交通研究"和"宾夕法尼亚-新泽西研究"是最重要的例子；每项研究都花费了大量的资金开发计算机化的数学模型，预测大都市区土地使用和交通系统变更可能产生的影响。[14] 这类模型的拥护者希望他们通过需要的数据"预测和控制城市未来"，从而导致一场"实际城市政策制定工作上的一场革命。"[15] 事情当然并非如他们希望的那样；迈克·魏格纳（Michael Wegene）提出，世界上没有什么地方有这样的模型"成为都市编制规划的常规部分。"[16] 在他看来，模拟方式与宽泛的合理规划观念紧密相关，所以，模拟方式淡出了；我们不再相信合理性了，所以我们也不再相信模型了。

做模拟的人有可能没有敏锐地把握他们工作的政治事务方面。阿兰·布兰克(Alan Black)的一篇文章描述了历时七年才完成的"芝加哥地区交通研究"，把它作为有效合理规划的一个例子；"芝加哥地区交通研究""紧随合理模型，完成了规划过程，最终公布了一个规划"。[17] 布兰克把合理规划的特征归结为一个包括10个阶段的过程，10个阶段中有9个阶段是由研究团队完成的。只有执行阶段除外。布兰克承认，从事具体规划工作的人员对这种研究兴趣不大；他们是训练有素的技术人员，不受喧嚣的市民参与、公共听证会、建立合作联盟左右。没有多少或完全没有具体实施规划方案并不奇怪。布兰克参与了这项研究，就技术复杂性而言，这项研究的确名副其实，当然，布兰克的结论是，"如果规划部门是自主的，不受政治事务干扰，开展这个合理规划过程并非很困难。但是，如果规划师要去影响决策，他们可能必须参与到政治事务中去，从而在一定程度上牺牲掉合理性。"[18]

尽管大规模模拟与备受指责的合理范式相联系，但人们还在继续开发大规模模型。魏格纳在1994年写道，"规模不大却联系紧密的城市模型开发者网络分布在四个大陆上。"[19] 魏格纳找出和描述了20个模拟过程（美国有7个，其他地区有13个），它们在综合性上和复杂程度上各异。当然，他承认，这些模型一般处理大都市区所面临的相当狭窄的一组问题，他提倡开发那些"对公平问题和环境可持续性更为敏感的模型。"[20]

虽然魏格纳和其他一些人都提及了这样的事实，人们还在继续开发非常复杂的城市模型，但是这些模型基本上还是一种研究。这些模型当然在研究上是有价值的，然而，这些模型没有建立起几条与城市政策决策过程相沟通的途径，这一点是很清楚的。与其他基于合理性的策略部分一样，模型构造者们可能希望他们模型的品质、巧妙和技术能力能够承担起日常决策的功能，但是很遗憾，社会政治制度中的决策继续要对其他更为传统的变量做出反应。

最新的竞争者：战略规划

我们对基于合理性的规划模型的考察，不应该不考虑目前最盛行的战略规划。我猜想，战略规划的流行至少某些方面是源于私人企业；任何贴上"战略"标签的计划似乎都具有耀眼的光环，具有其他目标的计划未必青睐这种光环。每一家名副其实的大公司都有其战略规划，对公司合适的就一定对政府合适吗？

战略规划很流行，但是，在战略对规划究竟意味着什么，人们还没有达成共识；人们以多种方式描述了战略规划，每一位作者或短期课程指导都会拿出他们青睐的战略规划版本来。[21] 但是，冒着过分抽象的风险，我提出，在战略规划标题下的政策——或决策过程，常常至少包含了如下因素：

（1）使命陈述。这个组织的基本目的是什么，谁是这个组织的利益攸关者（这个组织的活动以某种方式影响的那些利益方）？

（2）竞争优势、竞争劣势、存在的外部机会和外部威胁（SWOT）分析。这个分析集中在（a）这个组织的内部优势和劣势（"SW"部分）——这个组织什么做得好，什么做得不那么好；（b）这个组织的外部机会和外部威胁（"OT"部分）——当描绘未来时，这个组织应该考虑到在政治、经济、社会和其他环境中正在发生什么（结果分析常常涉及环境方面的分析）？

（3）这个组织需要提出的专门问题分析。这类分析因分析内容而异。

（4）建立起这个组织详细的和令人信服的远景。

（5）建立实现这个远景的一组行动策略。

这些因素如何与合理规划过程的六个阶段相联系？首先是决定目标，作为第一阶段，我把这里列出来的前四个战略规划因素看成目标形成过程的细化。如果一个组织有了清晰的使命感，完成了适当的优劣机会和威胁（SWOT）分析，仔细地考察了以未来为中心的所有当前问题，这个组织大概会建立起比较适当的目标（比较明智的远景）。远景陈述是一个目标陈述，它详细地描述了这个组织希望实现或未来创造的东西。策略当然是执行部分——实现目标的手段。

我们能够在任何时间框架内发展战略规划，这种方式常常用于时间相对短的规划——这些短期的规划，期望指导 3～5 年的行动，而不是 10～20 年的行动，长期行动指南常常与综合规划相联系。倡导战略规划的人们认为，他们的方式比起其他模型，更具有政治敏锐性。这种看法究竟是不是事实，依赖于其他模型如何对待政治过程；战略规划并非是唯一具有政治嗅觉的，而且也并不能保证成功的结果。

最后，战略规划不过是规划师们使用的名目繁多的基于合理性战略的一种规划。战略规划强调了政治敏锐性（实际上，政治过程是合理分析的战略目标之一），所以，它表现出在策略上很大的改变，这似乎提出，规划内在的智慧和复杂性足够从政治上承载当代问题。战略规划事实上证明了它比大部分基于合理性的策略更坚实。布莱森在强调战略规划的政治重点方面可能是正确的，[22] 当然，我认为，战略规划在私人部门的广泛使用也发挥了重要作用。但是，战略规划依然假设，一个中心规划师（或规划组织）管理着对各种现象进行分析的过程，分析用来形成一组策略，换句话说，形成一个计划，以实现所希望的结果。这里，合理性的概念实际上可能扩宽了，例如，包括了政治压力分析、多种利益攸关群体的选择，但是，战略规划绝不能完全地离开集中的、合理的营地。因此，战略规划不能摆脱困扰其他基于合理行为假设的规划方式的那些根本问题。

合理性概念的当前状态

奈杰尔•泰勒（Nigel Taylor）提出，把规划看作一个合理性过程的观念，把城市看成一个适合于用科学方式进行工程化改善的系统的观念，两者相配合，体现了"战后现代主义乐观情绪的痕迹"。[23] 显然，后现代世界观的出现已经打碎了这种乐观情绪，现在，没有几个作者感到迫不得已，一定要用上几个段落去拒绝合理规划。这本书明显是个例外，在这一章开始时，我就提出了拒绝合理规划的理由。

近几年来，最引人注目的反合理性的论点也许是本特•弗林夫伯格（Bent Flyvbjerg）在他的丹麦奥尔堡中心城市规划案例研究中提出来的。弗林夫伯格认为，权力确定什么构成知识和合理性；实际上，权力最终确定"什么算作现实。"这样，合理性被嵌入在权力关系中——事实上，合理性是那些掌握权力的人用来实现其目的的工具之一。[24] 他的研究呈现的"是用来作为政策合理性的技术专业知识的画面，作为权力合法性的合理性画面。"[25] 奥尔堡的规划师们为了制定这个中心城市规划，在一定程度上试图依靠合理分析和编制规划等技术知识，弗林夫伯格认为，他们落入了真正掌握权力的人们手中（在这个案例中，真正掌握权力的是"商会"，它要求不要限制汽车在市中心的行驶），所以，他们落入了能够确定最后什么是可以接受地合理的那些人手中。

弗林夫伯格认为，奥尔堡公共规划的错误提供了"现代性根本弱点"[26] 的证据。他提出的解决办法并不特别令人满意；他的结论是，我们需要比较好地去认识权力的性质（这正是他的著作所做出的重要贡献），我们需要拒绝基于合理性的民主是解决我们问题的主要载体这样一个观念。我们需要与志同道合的人们联合起来，向着正确的方向走。[27] 为了公正起见，我们必须注意到，弗林夫伯格的基本愿望是描述和分析一个特定的案例，而不是为他挖掘出来的问题找到解决办法。实际上，人们一般认为他是"消极面"规划理论家之一，我在第 2 章里提到过，"消极面"规划理论家批判的多，而提出解决办法的少。

弗林夫伯格的确丰富了这个反对合理性案例的理论基础，弗林夫伯格的底线与其他许多作者的底线一样，合理规划反映了一种不能与时俱进的世界观，换句话说，合理规划反映出来的看问题的方法已经落后于当代社会发展的现实（所以一直都不是很有效的）。这样，当一种专业的最根本假设之一陷入流沙时，会发生什么呢？

亚历山大在 1984 年的一篇文章中指出了对"范式破裂"的若干反应——这里即是诋毁合理性。亚历山大发现，有的理论家继续写作，仿佛合理性概念没有什么问题；一些理论家承认合理性的局限性，但是，他们认为做些调整即可以解决这种局限性；一些理论家放弃了合理性，试图用意识形态来替代合理性；还有一些理论家努力寻找新的方式，以填补这个空白。[28]

与理论家的反应相比，实际规划工作者的反应更有意义。正如本章开始时提到的，当问到他们有关合理性的问题时，这些实际规划工作者还是倾向于用听起来类似于合理模型的方式去编制规划和解决问题。这些实际规划工作者为什么会如此呢？

有人对此提出了若干种解释。霍威尔·鲍姆（Howell Baum）认为，规划师固守合理性有其心理上的原因；合理性成为了一种与"危机四伏的现实"绝缘的措施。[29] 这样，如果"社区团体处于对立状态，如果领导把政府机构的政治凌驾于严格的科学分析之上，如果一起做工作的人们两面三刀，不愿意分享信息，那么，把规划简单地看成一种抽象的分析，就能够消除掉这些危机所引起的问题和感觉。"[30] 哎！我不过是这里的一个技术人员；如果事情没有处理好，那是因为政治，政治与我无关。

针对同样的问题，从事具体规划工作的人坚持效忠合理性。琳达·道尔顿（Linda Dalton）提出了若干可供选择的解释，包括：（1）规划在制度上与合理性有着深刻的联系，所以，终止这种关系极端困难；（2）规划教育者可能在思想上拒绝了合理性，但是他们继续在教学和研究中模拟合理性，不能让学生失去一个支点；（3）合理性"给可能处于麻烦中的规划专业提供了一个保险。"[31] 最后一点意味着这样一种观念，在一些情况下，让人们认为，规划师是不偏不倚的、分析的、价值中性的和有理性的人，而不要让人感觉到，规划师是训练有素的政治过程参与者，规划师可能发现，这在政治上很有意义。所有这些力量毫无疑问地都在发生影响；所有这些都在维系着合理性这个概念，其实，这个概念早已被规划理论家们宣布终结了。

声称合理性消亡，是不接触实际的规划理论家们凭空想象出来的，实际上，合理性依然是具体规划工作中很有效用的范式。我们应该认可这样的结论吗？绝对不应该得出这样的结论。合理性是后现代世界里的现代主义策略，这并非合理性的根本问题，许多理论家的确这样认为（当然，我不与这种观点发生争执）。我所关注的是，因为与公共规划相关的决策，一般不是在合理规划过程的基础上做出来的，所以，依靠合理模型是不正常的。[32] 实际上，人们提出来的规划师所涉及的问题，以及这些问题所处的环境，都强有力地阻碍了使用基于合理性的策略。

大部分规划问题，我们认为很重要的所有问题，产生出来的结果对个人和群体的影响都是不同的。有些人获利，有些人则失利，有些人获利或失利比别人多一些或少一些。即使大部分人并没有直接受到某种特定结果的影响，对正在发生事情的正确与错误，社区许多成员还是会有自己的看法。

任何一个重大问题都有各式各样的利益攸关者卷入，因此可能涉及大量的利益群体。这就确定了政治过程在影响结果上的重要性。有时，这些政治过程包括了合理分析和规划这类附属角色（当然，弗林夫伯格会说，当这种情况发生时，那些当权者可能已经选择了规划和分析），然而，政治过程常常忽视了规划。事实上，许多利益群体非常不愿意承认公共机构和官员的合法地位和权威性，这些机构需要做出决策，而这些决策可能影响到他们福利，这就引起了在关键公共政策问题上决策分散化的压力。

公共规划领域的这些特征损害了基于合理性的策略和模型的功效。在价值观念冲突事先就得到解决的情况下，当设定的目标是一种最佳化（即每一个人都有获得）而不是重新分配时，在政治过程并没有多么大的干预时，当社区所有成员都认可决策当局的合法性时，当决策集中在一个单元而不是分散在多个单元时，基于合理性的规划能够很好地运转。总而言之，基于合理性的规划最适合"温和的"问题，而并非适合于"邪恶的"问题，公共规划师并非总是发现，他们正在处理的问题是"温和的"问题。

事实上，依靠合理性可能很大地损害规划过程，因为合理性已经有了自我妄想症。如果我们遵循合理规划的原则，有人可能问，我们不过是做所有关于规划的事情，不考虑我们的分析和规划是否引起其他任何事情，是这样吗？我常常让我的学生做这样一个练习，有两个企业，A 和 B。A 企业循规蹈矩地进行了规划，确定它的使命，研究了竞争状况，详细地分析了目前的市场和可能的产品，制定了短期的目标和战略。另一方面，B 企业由一个随遇而安的执行官管理，他用抛硬币的方式来做所有企业决策。A 企业尽管有了很好的规划行为，却走了下坡路，而 B 企业却繁荣兴旺，成了一个产业领军企业。我的问题是，哪个企业更合理？

我的学生几乎都正确地回答了这个问题，即 A 企业比较合理，因为它以合理的方式做事，而 B 企业无合理可言。这个练习说明了这样一个事实，"合理规划"意味着"以一种合理的方式指导规划"，重点是过程，而不是结果。成功的结果不一定归于合理的规划，我们合理地规划了，这就够了。但是，这种状况果真令人满意吗？我不认为是这样。公共规划旨在改善我们社区的生活质量，我们不应该满足于抚慰我们心灵的那些方法，而不去关注这些方法给现实世界造成的影响。

总之，在我们国家（我设想所有的国家），合理规划和政治制度之间都存在一种关系。因为基于合理性的规划策略没有涉及这种关系，所以它们最终让规划师失望了。我们所需要的是能够很好地考虑到政治过程的模型或策略。让我们继续我们的探索。

★ 注释 ★

1. Herbert J. Gans, *People and Plans: Essays on Urban Problems and Solutions* (New York: Basic Books, 1968), pp. 71–73.

2. Niraj Verma, "Pragmatic Rationality and Planning Theory," *Journal of Planning Education and Research*, Vol. 16, No. 1 (Fall 1996), p. 5.

3. For a related discussion, see Edward C. Banfield, "Ends and Means in Planning," *International Social Science Journal*, Vol. 11 (1959), p. 362.

4. Martin Meyerson and Edward G. Banfield, *Politics, Planning and the Public Interest* (Glencoe, Ill.: The Free Press, 1955).

5. Ernest R. Alexander, *Approaches to Planning: Introducing Current Planning Theories, Concepts, and Issues*, 2nd ed. (Philadelphia: Gordon and Breach, 1992), p. 40.

6. Robert A. Dahl and Charles E. Lindblom, *Politics, Economics, and Welfare: Planning and Politico-Economic Systems Resolved into Basic Social Processes* (New York: Harper & Row, 1953), p. 60.

7. Herbert A. Simon, *Models of Man* (New York: John Wiley & Sons, 1957), p. 198. Emphasis in the original.

8. Dahl and Lindblom, *Politics, Economics, and Welfare*, p. 60.

9. Kenneth J. Arrow, "Mathematical Models in the Social Sciences," in *The Policy Sciences*, ed. Daniel Lerner and Harold D. Lasswell (Stanford: Stanford University Press, 1951), p. 136.

10. Abraham Kaplan, "Some Limitations on Rationality," in *Nomos VII: Rational Decision*, ed. Carl J. Friedrich (New York: Atherton Press, 1964), p. 58.

11. Dahl and Lindblom, *Politics, Economics, and Welfare*, p. 60.

12. Banfield, "Ends and Means," pp. 365–367.

13. John M. Bryson, *Strategic Planning for Public and Nonprofit Organizations: A Guide to Strengthening and Sustaining Organizational Achievement*, rev. ed. (San Francisco: Jossey-Bass Publishers, 1995),

p. 10.

14. For a useful overview of the modeling movement, see Michael Batty, "A Chronicle of Scientific Planning: The Anglo-American Modeling Experience," *Journal of the American Planning Association*, Vol. 60, No. 1 (Winter 1994), pp. 17–29.

15. Michael Wegener, "Operational Urban Models: State of the Art," *Journal of the American Planning Association*, Vol. 60, No. 1 (Winter 1994), p. 17.

16. Ibid.

17. Alan Black, "The Chicago Area Transportation Study: A Case Study of Rational Planning," *Journal of Planning Education and Research*, Vol. 10, No. 1 (Fall 1990), p. 27.

18. Ibid., p. 36.

19. Wegener, "Urban Models,"p. 18.

20. Ibid., p. 26.

21. For works emphasizing the use of strategic planning by local government, see Bryson, *Strategic Planning*; John M. Bryson and William D. Roering, "Applying Private-Sector Strategic Planning in the Public Sector," *Journal of the American Planning Association*, Vol. 53, No. 1 (Winter 1987), pp. 9–22; and Jerome L. Kaufman and Harvey M. Jacobs, "A Public Planning Perspective on Strategic Planning," *Journal of the American Planning Association*, Vol. 53,

No. 1 (Winter 1987), pp. 23–33.

22. Bryson, *Strategic Planning*, p. 10.

23. Nigel Taylor, *Urban Planning Theory Since 1945* (London: Sage Publications, 1998), p. 60.

24. Bent Flyvbjerg, *Rationality and Power: Democracy in Practice* (Chicago: University of Chicago Press, 1998), p. 27.

25. Ibid., p. 26.

26. Ibid., p. 234.

27. Ibid., pp. 234–236.

28. Ernest R. Alexander, "After Rationality, What? A Review of Responses to Paradigm Breakdown," *Journal of the American Planning Association*, Vol. 50, No. 1 (Winter 1984), pp. 62–69.

29. Howell S. Baum, "Why the Rational Paradigm Persists: Tales from the Field," *Journal of Planning Education and Research*, Vol. 15, No. 2 (Winter 1996), p. 133.

30. Ibid.

31. Linda C. Dalton, "Why the Rational Paradigm Persists: The Resistance of Professional Education and Practice to Alternative Forms of Planning," *Journal of Planning Education and Research*, Vol. 5, No. 3 (Spring 1986), pp. 147–153.

32. Howell Baum makes the same point in "Why the Paradigm Persists," p. 127.

第 7 章
集中起来的非合理性：规划师直面政治事务

为了应对基于合理性模式的那些我们已经认识到的弱点，一些人发展了这一章里所要研究的这类规划策略方式。他们承认，坚持规划和决策中的纯合理性是不可能的，以这个事实为出发点，他们开发了能够清晰地考虑到我们具有非合理性特征的一类模式。在基于合理性的模式与这一章所要讨论的基于非合理性模式之间有着一些相似性，它们都强调规划是一个集中起来的功能，即一种由专业人士承担的任务，他们为一个中心规划或决策机构工作。除此之外，在基于合理性的模式与这一章所要讨论的基于非合理性模式之间，差别是实质性的。人们期待这一章中的模型能够给决策者提供现实的行为规则，他们既考虑到合理性的约束，也考虑到大规模政府机构的性质。

西蒙说"满足最低要求"

我曾经提到过赫伯特·西蒙的"有限合理性原则，"这个原则提出，与我们努力解决的问题的规模相比，人类思维能力是相对有限的。西蒙写道，人类思维能力局限性的结果是，我们常常建立一个满足最低要求的行动过程，而这个满足最低要求的行动过程仅仅与当前的目的"差不多"。[1]西蒙接着说，满足最低要求的那个人"不需要估计联合概率分布，或不需要估计所有其他可能行动选项的完整和一致的选择次序。"[2]

西蒙原则的对象是，古典经济学的"经济人"，这个人并非现实世界里的人。西蒙要用一个比较现实的"管理人"来替换掉这个古典经济学的"经济人"。经济人追求的是最大化；管理人"满足最低要求，因为他们没有最大化的才智"[3]经济人努力应对现实世界的全部复杂性；管理人接受了高度简化的现实世界的模型，不去考虑现实世界的所有方面，而仅仅考虑最相关的和最重要的方面。[4]因此，举例来讲，管理人从来不去试图考虑所有可能的选择，仅仅考虑似乎最有道理的那些选择。[5]西蒙写道，为了构建现实世界的简化模型，管理人按照这个模式合理地活动，然而，这个模型"甚至还谈不上接近了这个现实的世界。"[6]

管理人满足于结果和手段。如果目标显现得太野心勃勃了，那么，管理人简单地降低目标；如果走向目标的过程超出了预期，管理人能够再次提高目标。例如，在商务活动中，生意人不是寻找最大化收益的行动过程，生意人一开始就有生意应该获利的观念，然后简单地采纳将会满足收益要求的第一个行动过程。如果没有发现任何这类行动过程，他可能降低收益要求，如果条件允许，他再次提高收益要求。简言之，这个探索是为了一个差不多的行动过程，而不是最好的行动过程。

这个观点一直都有争议。在我来看，西蒙更有兴趣描述人们如何实际做决策，而不是去描述应该如何做出决策，换句话说，西蒙的理论比起规范的理论更积极一些。实际上，如果愿望是规定的，那么满足最低要求的观念会有严重缺陷。例如，满足最低要求的观念没有决定我们什么时候有一个"差不多"选择的特定标准。即使这个选择意味着降低我们的目标，我们也采取第一个可以接受的选择吗？我们会推迟降低目标，而花 X 量的钱和 Y 量的时间去做分析吗？显然，确定满意的解决方案会随着情况的变化而变化，并取决于若干因素，如价值、成本、时间等，每一个因素都是独特的。当然，有一件事的观察是正确的，即人们常常自足，而告诉他们如何去做则是另外一件事情。

我想，所有的规划师有时致力于可以合理地描述为满足最低要求的决策活动。当然，有时这类行为是违反规划师道德的。公共规划常常要求不仅仅只是"差不多"的那种结果。实际上，以满足最低要求为基础的规划将会显示出与本书倡导的（第13章）具有远见卓识的规划相对立。的确，大量的规划体现出满足最低要求，但是最好的规划超出了这种以满足最低要求为基础的规划策略方式。

渐进主义

1953 年，查尔斯·林德布洛姆与罗伯特·达尔在他们合作撰写的著作中，第一次明确地提出了渐进主义。[7]以后，林德布洛姆对渐进主义概念的解释有了更充分的表达，1959 年，他以渐进主义为题撰写了一篇论文，"'渐进调适'的科学"[8]。在那个时期，林德布洛姆决定，除开描述人们如何编制他们的计划和决策之外，渐进主义实际上也是一个非常好的编制计划和做决策的策略方式，所以，林德布洛姆认为，渐进主义既是一个积极的理论，也是一个规范的理论。在那篇文章里，林德布洛姆称他的策略方式为"连续有限比较方法，"以此与传统的"合理—综合方法"相对比。

1963 年，林德布洛姆与哲学家大卫·布雷布鲁克合作撰写了一本书，更完整地发展了现在称之为"不连贯的渐进主义"，这本书为那些对理论合理性依据和经验说明感兴趣的人全面展示了渐进主义的策略方式。[9]最后，林德布洛姆于 1965 出版了另外一本书，主要涉及其他一些问题，但是，其中使用一个章节（15 个页面）详尽地描述了"不连贯的渐进主义"的策略方式[10]（我一直认为，这本书对渐进主义概念的描述比人们常常引用的那篇"渐进调适"的文章更好）。

像西蒙一样，林德布洛姆关注的是，规划师和决策者声称他们使用的方法（即基于合理性的那些方法）与他们实际使用的方法之间的差异。林德布洛姆把很大的注意力放到了系统地摧毁"综合模式"上，这种模式大体相当于我已经提到过的那种"纯粹合理性"模式。他提出了一种他认为更为现实的策略方式。正如奈杰尔·泰勒所看到的那样，林德布洛姆也认为，"在大多数情况下，规划必然是零碎的、渐进的、机会的和实用的，没有这样做或不能这样做的规划师，一般是没有效率的。简言之，林德布洛姆把'现实世界'规划的模式表达为，必然'不连贯的'和'渐进的'，而不是'合理的'和'综合的'"。[11]

林德布洛姆列举了决策者使用的若干"适应性调整"或"战术"，他们使用这些"适应性调整"或"战术"来应对现实的制定政策环境。我简要地把这类战术归纳为如下几点：

（1）决策者仅仅比较和评估渐变因素。[12]不对选择方案做任何深入细致的分析；决策者仅仅考虑在边际上出现微小变化的因素，这种因素不同于其他或不同于正在做的那些因素。另外，这种策略方式很实际，实际上，大部分政治制度不能容忍对现存情况做超出微小变化的重大变革。

（2）决策者仅仅考虑有限数目的政策选择方案。[13]决策者忽略那些带来超出微小变化的政策选择，忽略那些在"熟悉的政策制定途径"之外的政策选择。[14]

（3）决策者仅仅考虑任何一种政策选择的有限数目的重大后果。基于多方面的原因，决策者们忽略了许多其他的重要后果。[15]

（4）决策者致力于"重建分析"。也就是说，通过手段调整结果，反之亦然，通过结果调整手段；不断重新确定问题。在这种策略方式下，不可能的问题可能变成可以管理的问题。[16]

（5）决策者实施系列分析和评估。[17]决策者通过一系列努力而非一次努力去研究问题。这样，在一次研究中忽视了的价值或结果，在其重要性显现出来后重新加以考虑。

（6）决策者具有补救取向。[18]换句话说，大部分规划是为了解决当下的问题，而不是为了实现期待的未来状态。决策者可能保留一定的一般理想（如公正或经济增长），但是，在实践中，与决策者当前正在努力解决的问题的重要性相比，这些理想的重要性就不那么大了。

林德布洛姆自己把这个过程总结为如下：

> 决策者在期待的方向上渐进地推进，他不把自己放在难以找到解决方案的困境中去。他不去考虑多种可能的变动，因为那些变动的研究耗费（时间、人力或资金）太大，对于他做出的微小改良来讲，他也不去给自己找麻烦非去弄清这个渐变的全部后果是什么（同样耗费太大，以致做不到）。决策者设想，他的决策在某种程度上是一个错误，或他的决策有了没有预料到的消极后果，那么，某一个人（也许就是这个决策者自己）的下一个渐变会针对这个问题。[19]

最后一句话反映了这种渐进策略方式最有意义的特征之一，即决策者的决策并不需要总是正确的。如果公共政策决策具有系列的性质，当一个特定决策出了问题，那么，它总能够在下一轮循环中得到解决。林德布洛姆提出，在纠正阶段到达之前，"许多损害"偶然会发生；当然，这是不可避免的，因为唯一的选择是不能运转的合理策略方式。事实上，这种渐进主义策略方式的主要特征是，最好让消极的后果发展，然后分开加以处理，而不去试图提前预测到所有的这类后果。[20]

渐进主义的目前状态

从事具体规划工作的规划师凭着直觉感觉到了有关渐进主义的概念。这种概念似乎描述了大量地方层面的规划，也让这样一个事实有了合理化的依据，大量的规划都是按照几乎不能认为是合理性策略的方式被制定出来的。林德布洛姆不是一个规划师，而是一个公共行政管理者，他认为，合理性不需要成为规划过程的唯一理论基础，事实上，有可能发展更为关注实际规划工作中的政治现实的其他策略方式，他的这个想法对规划思想的发展产生了重要影响。在 20 世纪 50 年代和 60 年代，合理范式主导着规划思想，所以，很难高估林德布洛姆对放松规划专业牢牢把住不放的合理范式的影响。

但是，渐进主义一直都受到广泛批判，我们不应该对此有什么惊讶。对渐进主义最重要的批判如下：

● 林德布洛姆在描述许多公共规划决策策略方式上可能没有错，但是，他没有拿出多少经验证据支持他的断言。他提出的说明性案例支持了他的理论，然而，这些案例是选择出来的，它们几乎不是实际规划工作中具有代表性的案例。我们每个人当然都能找出与他描述不一致的现实政策或规划决策，即那些非渐进的政策或规划决策。我们立即会想到在医疗卫生、电子通信、娱乐和其他领域的迅猛发展；毫无疑问，现在世界变化的速度远比 20 世纪 60 年代要快许多。

● 紧密相关的问题是，在许多情况下，我们不去使用渐进的策略方式，例如，在大量公众不满意现行政策的情况下，几乎不能应用渐进策略方式；在新问题发生（或老的情形被重新定义为问题）时，需要新的策略方式；创立新的组织或项目去处理原先没有认识的问题；随着技术或其他突破，新的方法或行动政策有可能出现；选举出来的官员主张实施改革；或灾难或危机使新的策略方式变得可行和必不可少时。简言之，渐进主义忽视了这样一个事实，社会常常通过巨大的改革进程发生变化和发展。相比较常规的决策情形而言，这种情况可能发生的不那么频繁，但是改革进程却具有根本的重要性，渐进主义忽视了质变性质的改革进程。

● 有些分析家认为，渐进主义是政治上的保守势力（或强或弱，当然取决于人们的政治取向），因为渐进主义对过去的传统和体制给予了很大的尊重，把它们看成一种成规，所以基本上不要去改变它们。所以，对于那些主张根本变化或改革的人来讲，渐进主义是没有吸引力的。

● 还有人认为，渐进主义牺牲那些代表人数不足和在政治上居于弱势的群体的利益，给予社会有权力的成员以帮助，决策者为了让他们的决定可以具体地得到实施，总是让他们的决策适合于那些最有可能阻碍某项政策实施的群体，即那些具有权力的群体。[21]

● 另一方面，渐进主义一般给大问题找到若干小的解决办法，所以，渐进主义降低了自己的政治风险（使用高压水枪解决街区的不稳定；任命委员会去研究值得采取行动的问题；通过"仅仅说不"的策略方式去与毒品作斗争；让城市签署一个目标清单，以此处理国家的城市学校危机，如布什总统的美国 2000 项目，等等）。

● 有些批判还提出，渐进主义不鼓励那些与合理性紧密相关，却对任何社区规划过程十分重要的活动。例如，在对目标的处理上，在对分析的态度上，渐进主义都是相当傲慢的，它认为目标和分析都没有什么实际价值。[22]

● 比起西蒙的"满足最低要求"的概念，渐进主义比较希望具有更多的规范性，所以，它也类似地缺乏行为规则。多大是渐进呢？多少数目的选择组成是可以考虑的那个有限选择数目呢？应该通过什么标准确定这些选择？事实上，耶海兹克尔·德罗尔（Yehezkel Dror）已经提到，"'渐进的'变化的概念是含糊的，因为同样的变化在不同的体制下和不同的时间里可能是'渐进的'，也可能是'剧烈的'"。[23]

● 最后，渐进主义的策略方式在纠正一个证明不适当的行动时是完全无效的。渐进主义的假设没有正式的评估机制；渐进主义假定，如果行动出现不适当，其他人会向决策者报告，决策者会对此做出必要的调整。这当然是一个十分轻率的假设。本书的大部分读者没有什么困难就能编制一份政府项目清单，它们超出项目的有效期，甚至早已出现了消极的后果，简单地讲，这是因为无人通知或具有充分的影响力去改变这种状况（在有关纽约奖励分区规划的案例研究中，威廉·怀特举出了很好的案例；奖励分区规划的项目是在 1961 年开始的，随后运行了 20 年，而后规划师开始认识到，奖励分区规划的影响早已与预期相反）。[24] 依靠"党派调整"（林德布洛姆的术语）过程，对决策者的同事们和职业对手的矫正观点的反应依靠的是一个已经证明明显无能处理美国城市主要问题的过程。

实际上，渐进主义可能描述了适合于制定一定决策的策略方式（那些典型的日常决定），但是，它几乎不能代表一种能够效仿的模式。这种策略方式可以在相对狭小的规划情形中使用，不包括那些可能导致大规模变动的规划情形；渐进主义对现存的社会秩序表示恭敬，极大地尊重现存的权力结构；渐进主义在纠正行动的策略方式上是无效的。事实上，我们可以说，渐进主义根本就不是一种规划策略方式，更确切地讲，渐进主义是反规划道德的，也就是说，因为这种或那种理由，规划成为不可能的事情时，渐进主义才成为制定决策的一种策略方式。

在认识到这些弱点之后，阿米塔·伊埃特兹奥尼提出了一个"混合研究"的策略方式，希望在合理策略方式和渐进策略方式之间做一个妥协，设想包含两者的优点，而排除掉二者的缺点。[25] 混合研究策略方式的一个关键因素是，区别"情景性的"决策和"微不足道"的决策。"情景性的"决策是比较根本性的形成政策的决策，一般由比较高层次的组织来制定，倾向于对各种选择进行详细分析。另一方面，"微不足道"的决策更关注的是政策的执行，而不是政策的制定，一般发生在比较低的层次上，更适合于反映林德布洛姆描述的渐进主义的特征。在讨论这两个决策层次的相互作用时，伊埃特兹奥尼明确地提出，政策偶尔源于"微不足道"决策的集合，换句话说，通过默认而产生，而不是源于从上到下的决策。伊埃特兹奥尼的模式还提供了"一组供没有想象力的决策者使用的指令，"包括反复评估不同选择方案直至仅剩一个方案为止的办法。

混合研究实际上是一种改良对的渐进主义；通过区别政策决策和微不足道的执行决策，混合研究承认了这样一个相当明显的事实，有些决策不是渐进性的，至少从理论上讲，混合研究能够用于比较广泛的决策情形中。当然，与合理性模式和渐进主义模式一样，混合研究假定了一个集中起来的决策过程。混合研究没有解决参与到这个过程中来的那些人的身份问题，或没有解决这些参与者所具有的价值观念之间存在冲突的可能性问题（混合研究策略方式似乎假定一种仁慈的决策者，他具有全部正确的价值观念；然而，究竟哪种价值观念事实上正确的，谁有权力决定一种价值观念是正确的呢）。渐进主义和混合研究集中起来的、从上到下的特征最终削弱了它们可能的功效，这就如同以合理性为基础的模式一样，集中起来的、从上到下的特征最终削弱了以合理性为基础的模式可能的功效。[26]

公共规划发生在冲突的意识形态和价值观念、对空间资源激烈的竞争和权力上存在巨大差异的环境中。公共规划环境的这些方面通过政治制度表达出来，规划过程不可避免地是政治制度的一个组成部分。利益群体存在于这样一个政治体制中，他们一般把规划简单地看作用来追逐自己目标的另一种工具。

我们的规划师发现自己被挤在不同利益群体之间。一方面，我们缺少可以操作的和广泛接受的有关公共利益的定义，如果真的有这样一种有关公共利益的定义，那么，至少让我们带着一种敏锐的道德指南进入政治争斗中。另一方面，即使我们拥有全套思想和理论工具"去合理地规划，以追逐公共利益"，我们在规划中还是会受到政治上的约束，利益群体就是以这样一种策略方式，把它们的诉求加到了我们的头上。

这是对我在前一章讨论过的规划和政治之间关系的另一种描述。如果我们拥有了一种模型或方式，它使我们按照高度发展起来的公共利益感（当然是确定了的）来做决策的话，我们还需要充分的地位确定性、法定的权威性和避免政治干预的自由，才能实行我们的策略方式。当然，这些都是资本主义民主制度不希望我们拥有的特权。

渐进主义和混合研究都承认政治权力对规划过程的影响，但是，渐进主义和混合研究很容易就坍塌了，它们没有研究政治制度可能利用良好愿望的那些机制。我们能够做的更好些。良好的开端是，考察把规划看作一个分散开来的过程的模式。这正是我们下面两章的任务。

★ 注释 ★

1. Herbert A. Simon, *Models of Man* ·
(New York: John Wiley & Sons, 1957),
p. 205.

2. Ibid.

3. Herbert A. Simon, *Administrative Behavior*, 2nd ed. (New York: The Macmillan Company, 1957), p. xxiv. Emphasis in the original.

4. Ibid., p. xxvi.

5. Ibid., p. 99.

6. Simon, *Models of Man*, p. 199.

7. Robert A. Dahl and Charles E. Lindblom, *Politics, Economics, and Welfare: Planning and Politico-Economic Systems Resolved into Basic Social Processes* (New York: Harper & Row, 1953), pp. 64–88.

8. Charles E. Lindblom, "The Science .of 'Muddling Through,'" *Public Administration Review*, Vol. 19 (Spring 1959), pp. 79–88.

9. David Braybrooke and Charles E. Lindblom, *A Strategy of Decision: Policy Evaluation As a Social Process* (New York: The Free Press, 1963). Also useful in this regard is Michael T. Hayes, *Incrementalism and Public Policy* (New York: Longman, 1992).

10. Charles E. Lindblom, *The Intelligence of Democracy: Decision Making through Mutual Adjustment* (New York: The Free Press, 1965).

11. Nigel Taylor, *Urban Planning Theory Since 1945* (London: Sage Publications, 1998), p. 72.

12. Lindblom, *Intelligence of Democracy*, pp. 144–145.

13. Ibid., p. 145.

14. Ibid.

15. Ibid., pp. 145–146.

16. Ibid., pp. 146–147.

17. Ibid., p. 147.

18. Ibid., pp. 147–148.

19. Ibid., p. 148.

20. Ibid., pp. 148–151.

21. Amitai Etzioni, *The Active Society: A Theory of Societal and Political Processes* (New York: The Free Press, 1968), pp. 272–273.

22. For counterarguments to these and other critiques of incrementalism, see Andrew Weiss and Edward Woodhouse, "Reframing Incrementalism: A Constructive Response to the Critics," *Policy Sciences*, Vol. 25, No. 3 (August 1992), pp. 255–273.

23. Yehezkel Dror, *Public Policymaking Reexamined* (San Francisco: Chandler Publishing Company, 1968), p. 146.

24. William H. Whyte, *City: Rediscovering the Center* (New York: Doubleday, 1988), pp. 229–255.

25. See Amitai Etzioni, "Mixed Scanning: A 'Third' Approach to Decision-Making," *Public Administration Review*, Vol. 27 (December 1967), pp. 385–392; and Etzioni, *Active Society*, pp. 282–305.

26. An anonymous reviewer of a draft of this book took issue with this claim, arguing that both incrementalism and mixed scanning are "mainly decentralized, hence bottom up, sideways, and top down." I disagree. Both Lindblom and Etzioni were clear in their intentions; they were proposing strategies intended to improve the role performance of policy makers.

第 8 章
分散开来的合理性：作为政治活动家的规划师

倡导规划

这一章和下一章里所要考察的这些方式的创立者，都认为民主过程具有很高的价值。这并非是说，合理主义者和渐进主义者没有类似的倾向。但是，合理主义者和渐进主义者一心想着的是，针对中心决策者的理论任务，合理主义者和渐进主义者反映出这样一种隐含的假设，正式授权的规划师、行政管理者、公务员和选举出来的官员，直接地或以其鼓动能力，事实上做着重要决策。

另一方面，我们在"分散开来"标题下所要考察的那些种类的方式一般假定，重大决策应该由市民自己做出。职业规划师的作用，在于帮助市民做决策。如同考察集中起来的方式一样，我把分散开来的模型分解为两个，假定合理规划行为的模式和不假设合理规划行为的模式。对于前一类，我们仅仅考虑一种方式：倡导规划。

倡导规划的中心论点是，许多群体不适当地出现在标准的或习惯的规划实践活动中，为了纠正这种情形，应该让各式各样的利益群体都能够提交他们的计划，让公众加以考虑，应该在规划过程中，给这些利益群体提供专业的规划帮助。

作为城市规划专业领域的一股重要思潮，倡导规划出现在 20 世纪 60 ～ 70 年代，那个时期是美国社会发生重大动荡的时期。[1] 伴随着广泛的种族隔离和居住隔离，大规模移民过程使成千上万的低收入和少数民族人群集中到了中心城市街区，城市社会问题比比皆是。联邦政府城市更新项目的失败（一般认为，这个项目所造成的损害多于收益），若干大城市频频发生破坏财物的街区暴力事件，日益高涨的反对越南战争的运动，这些因素以及其他因素结合起来，动摇了美国社会，产生了美国精神上的危机感。生活在那个时期的读者们都不会忘怀那段动荡的岁月。显而易见，旧的工作方式不再奏效，与其他重要社会体制和过程一样，人们召唤新的规划方式。

我们中的许多人都有职业偶像，在我的偶像名单中，一直都有这样一个名字：保罗·大卫杜夫，正是他把倡导概念引入了规划专业。正如巴里·雀克威（Barry Checkoway）所说，大卫杜夫——

> 是在规划中寻求正义和平等的不屈不挠的战士。他把规划看成一个提出广泛社会问题的过程；在改善所有人的生活条件时，强调缺少资源和机会的人们的资源和机会；有一些群体传统上被排斥在影响他们生活的决策之外，要扩大他们的代表人数和扩大他们的社会参与。大卫杜夫强烈建议，规划师要去促进参与民主，促进积极的社会变革；克服社会中产生贫困和种族主义的因素；缩小贫富悬殊、黑白悬殊和男女悬殊。[2]

大卫杜夫是一个从律师行业转变过来的规划师，把大学教书和直接的社会活动结合在一起。他是美国不多几个参与国会议员竞选的规划师，威彻斯特县（Westchester）的绝大多数选民没有支持他的这个愿望。1984年，大卫杜夫过早地去世了，但是那时，他已经从根本上永远改变了他自己的规划职业意识形态。

在大卫杜夫的早期作品中，倡导规划的概念已经露出了端倪，他的有关倡导规划概念的主要陈述出现在1965年《美国规划师学会杂志》的一篇文章中，这篇文章可能是规划专业学生引述最多的文章。[3]在这篇文章中，大卫杜夫强烈地反对有关规划师价值取向中性的假设；他认为，任何行动决策必然是建立在我们对期待目标设想的基础上。当规划师已经决定了他们所要追逐的目标之后，他们不仅应该明确表达支撑他们行动方案的价值观念，还应该宣布这些价值观念，换句话说，规划师实际上成为了一种"什么是适当"的倡导者。[4]"作为政府利益和关注那些涉及他们社区未来发展政策的其他群体、组织或个人利益的提倡者"，[5]规划师应该参加到这样的政治活动中去。这样，通过把重心集中到较大社区子单元的价值取向上（因此，直接定位于约翰·罗尔斯的阵营，而不是投到功利主义的阵营），这种致力于倡导工作的规划师就绕开了在公共利益问题上没有达成普遍共识的困境。

对于大卫杜夫来讲，公共规划决策是政治领域竞争的终极产品。所以：

需要建立一个有效的城市民主，城市规划师以许多利益群体的计划为根据提出的推荐意见才有基础，在这样一种城市民主中，市民们能够在决定公共政策的过程中发挥积极的作用。在民主条件下，通过政治讨论决定适当的政策。正确的行动过程总是一个选择问题，而不是一个事实的问题。[6]

在大卫杜夫看来，所需要的革新是编制"多个计划"，而不是继续依靠一个机构编制"单一计划"。对于规划团体来讲，这是一个革命性的观点，那时，规划师一般都把社区总体规划的编制看成他们专业的最终表达。

致力于倡导工作的规划师，将会对社区里的特定群体做出反应，努力在他们制定的计划中表达这个群体的价值取向和目标。如果这些价值取向和目标不清晰，规划师们应该帮助这个群体澄清它们。规划师当然会有他们自己的观念，可能努力训导或诱导客户理智地考虑一定政策或行动；当然，在最后的分析中，客户群体的选择一定是主导。致力于倡导工作的规划师还可能"努力扩大"客户组织的"规模和范围"，建议参与社区组织和开发活动。[7]总而言之，规划师的基本角色将是，"发动社区组织的规划，有说服力地支持社区组织多种规划建议。"[8]很明显，大卫杜夫的倡导规划由两个主要因素组成：技术帮助和表达。

至少在理论上讲，社区的所有主要群体应该产生反映他们利益的计划；大卫杜夫想要看到来自各方面的计划、政党、抵制组织、特殊利益群体，如"商会、房地产董事会、劳工组织、主张和反对民权组织和反贫困协会。"[9]然而，在实践中，倡导规划的大部分支持者基本上把倡导规划看成给低收入群体和少数派提供帮助的载体，大卫杜夫和其他一些人认为，过去的规划过程忽略了，甚至伤害了这些低收入群体和少数派。

意料之中的是，一时间出现了大量对大卫杜夫意见做出反应的文献，会议上、期刊上，均对大卫杜夫的意见展开了争论。例如，致力于倡导工作的规划师正在推进这些客户群体的利益，客户群体必须直接雇用致力于倡导工作的规划师吗？那时，咨询者马歇尔·柯普兰（Marshall Kaplan）正在一家承担与倡导相关项目的企业里工作，他对"内部倡导者"和"外部倡导者"做了区分。"内部倡导者"是市政府雇用的那些人，他们与选区联系，而不是与客户联系；"外部倡导者"是在客户群体本身就业的那些人。柯普兰注意到内部倡导者面临特别困难的任务，他认为"内部倡导者"和"外部倡导者"都有他们要发挥的作用。[10]

我为什么把倡导规划，归纳到分散开来规划的合理形式类别中呢？至少就大卫杜夫的主张来看，贴上这个标签是完全适当的。大卫杜夫提出，并非规划师要去做这种改变，规划师不过是为了谁去做这种改变。1962 年，大卫杜夫与托马斯•莱纳（Thomas A. Reiner）合作撰文讨论了他自己的规划过程概念。[11] 在这篇文章中提到的"选择理论"显然是合理规划模式的又一个版本，它把大卫杜夫直接推进了合理规划传统的主流中。大卫杜夫的命题，不是我们应该放弃合理规划，而是我们应该让那些原先被排除在合理规划过程之外的那些人从合理规划过程里获益。

大卫杜夫并没有提出规划师应该承担起新的实质性责任。20 世纪 60 年代以及 70 年代初，专门的社会规划曾经流行过一段时间，当时的社会问题导致了专门社会规划的出现，而联邦政府为社区行动项目（集中在贫苦问题上）和"模范城市"项目（努力协调内城地区的社会规划和形体规划以解决内城地区的问题）所提供的资金推动了专门社会规划的展开。[12] 由于大卫杜夫关注社会平等问题，人们常常设想，大卫杜夫在社会规划思潮中发挥了关键作用。其实不然，他基本上还是一个形体规划师。大卫杜夫所说的那种致力于倡导工作的规划师依然编制土地使用规划和场地规划，编制分区规划法令和市政设施改善方案，当然，致力于倡导工作的规划师在做这些工作的同时，将会主动地反映社区特殊群体的需要和选择优先展开的行动。

从理论上讲，致力于倡导工作的规划师继续按照实用的合理方式编制规划，但是与传统的综合规划师相比，致力于倡导工作的规划师对客户的定义要窄一些。因此，致力于倡导工作的规划师增加了让客户群体在价值取向上构成某种同质特征的可能性，至少在需要解决的特定问题上是这样，因此比较容易做合理的处理。

但是，我必须承认，如果我们把倡导作为一种实践，而不是作为一种理论事务进行考察的话，我把倡导划归为一种形式的合理规划是不成立的。尽管大卫杜夫本人可能忠诚于合理性的概念，但是，实际从事倡导实践的规划师更有可能把规划看成追求正确事物时使用的倡导工具之一。20 世纪 60 年代和 70 年代，倡导规划的目标常常被转化为社会抵制、社区组织起来的行动，以及其他形式的政治活动，相对比较少地强调规划本身的发展。

我想，由于倡导规划在某种程度上反映了 20 世纪 60 年代青年男女所关心的政治问题，所以，它在那个时期的规划研究生院里很流行。在 20 世纪 70 年代，如果我去问我的学生有多少人要去做致力于倡导工作的规划师，所有人都会举手的。但是，就对规划思想的影响而言，倡导规划的实践内容与倡导规划的理论概念从来都不是一致的。在规划和建筑学院所在的若干城市里，研究生小组、教师和最近毕业的学生组织起来，常常以"社区设计中心"的名义下（哈莱姆的"建筑更新委员会"；波士顿的"城市规划援助"；旧金山的"社区设计中心"，都是很好的榜样），为低收入街区提供服务。[13] 许多相关的专业人士为这些低收入群体提供无偿服务。大约有十余家规划设计咨询企业宣称，他们对倡导规划项目很感兴趣（至少只要有联邦项目的资助）；偶有规划师放弃政府工作，专门为低收入群体提供服务，工资微薄，甚至没有工资；一定数量在市政府规划部门工作或者为"模范城市"项目和社区行动项目工作的规划师认为，如果不是在体制外从事倡导规划工作的话，他们事实上是工作在体制内的倡导规划师。

总而言之，在近 20 年的时间里，仅仅有少数规划师，即继续从事规划专业的那些人，扮演了大卫杜夫在 1965 年那篇文章中所描绘的那种倡导性角色。20 世纪 80 年代，随着国家情况的变化和联邦社会项目基金的终止，倡导规划失去了过去 20 年里一直支撑着它的微薄的财政支持。多种计划的观念也没有在美国城市里出现，而在没有多种计划的情况下继续做着政治决策。

1971 年，美国规划师学会建立了一个倡导规划师国家顾问委员会，这个委员会负责向美国规划师学会推荐它应该进一步实践倡导规划的步骤，我曾经担任这个委员会的负责人。三年以后（那是一个动荡的年代，出现了很多出类拔萃的观点），我们签署了我们的报告，要求：（1）建立国家倡导规划项目交流中心，使那些开展这类项目的人们能够从经验交流中相互获益；（2）对试图组织和开展倡导项目的地方团体提供技术援助；（3）对那些因为倡导活动而失去工作的规划师提供若干种形式的援助；（4）由美国规划师学会任命一个倡导规划负责人，监控所有的这类活动。美国规划师学会的确雇用了一个倡导规划负责人。但是很快就消失了，而其他推荐意见也不了了之了；到了 20 世纪 70 年代中期，倡导规划观念的流行状态每况愈下。

倡导本身似乎发展成了一个泥足巨人。人们沿着这个方向表达了对倡导实践的保留意见。例如，名声显赫的住宅官员罗杰·斯塔尔提出，倡导对冲突的发生推波助澜，相反，规划师最好还是集中力量去达成共识；[14] 理查德·柏兰警告说，多种计划能够导致决策陷入僵局。[15] 当然，导致倡导规划陷入衰落的更重要的原因是两个根本问题。

第一个根本问题出现在 1970 年在纽约翰特学院（Hunter Collegt）举办的倡导规划年会上，大卫杜夫是这个学院规划系的一页，这是一个独特的和令人难以忘怀的事件。这次会议旨在提供与会者一次分享经验的机会，提高倡导规划实践的水平，来自全国各规划学院的员工、学生和纽约市街区组织的领导人参加了这次会议，会议达到了好几百人的规模。很快，来自纽约市街区组织的领导人就表现出对大卫杜夫提出的倡导规划概念的不满。

整个会议从开始到结束，都是喧嚣的和不守规矩的。几乎没有几个人的发言能够完成而不被轰下台的，包括大卫杜夫在内；人们冲上讲台，从演讲人那里抢走麦克风，谴责他们的发言是"殖民主义者的扯淡"。这个会议令那些参会的热情的青年倡导者们兴奋不已（如果我没有记错的话，这个会议真有点令人生畏）。

这些冲上讲台的人大多是隶属于纽约街区的民间团体，他们所传达的信息大概是："倡导已经变成了中产阶级专业人士的玩物，他们因为他们的工作而获得大把的工资。我们不需要他们的帮助，我们对他们自命为恩人的行为表示愤慨。如果把用来倡导规划的费用直接给我们，更能满足我们的需要；我们能够编制我们自己的规划和战略，我们当然为我们自己说话。如果规划师真想为穷人和少数群体做点什么，就要根除种族主义，在富裕的和隔离的郊区，种族主义才是最恶毒的东西。"

所有的参会者都带着对倡导规划的新的看法离去，原先看似原则的和高尚的东西现在都被描述为殖民主义的、精英的、自我实现的、从上到下的和压制性的。倡导规划理想的一些光辉耀眼的光泽已经明显地丧失掉了。实际上，在这次会议结束后不久，大卫杜夫辞去了翰特学院的工作，创建了"郊区行动研究所"，试图解决威彻斯特县的住宅歧视问题。

第二个问题是，人们越来越认为，倡导规划的概念在政治上可能是幼稚的，实际上，倡导概念似乎没有多大的希望去影响实际政治决策。假定许多计划是为了在政治上取得一种平衡而制定的，但是如果社区的权力分配保持不变，那么为什么在规划问题上的决策应该不同于过去在规划问题上的决策呢？建立什么样的新法庭，致使判决让倡导规划师的客户比较满意呢？按照这种看法，只有当权力天平偏向一些利益群体时，才会比较好地代表这些利益群体（如果这种权力偏移真的发生了，这些利益群体真的需要一位规划师去代表他们吗）。这些看法的基本点是，倡导规划师的服务并不自动地增加一个群体的权力，没有增加权力的倡导规划可能不过是一个无果的承诺（这个观点的证据是，倡导规划项目常常以研究和规划的技术援助开始，最后变成了社区组织的和社会的抵制）。这种对倡导规划的看法受到第3章讨论的改革理论家的影响，这些改革理论家一般认为，倡导规划是典型的自由改革者幼稚的想法，这些改革理论家否认这样一种观念，倡导规划师有能力对资本主义国家内在权力关系产生重大影响。倡导规划师的愿望是善良的，但是，他们没有认清资本主义社会究竟是如何运转的。

倡导规划的目前状态

倡导规划果真丧失了信誉，基本上消失了吗？事情正相反，即使在形式上，倡导规划明显不同于大卫杜夫最开始所主张的那样，成为一种强大的因素，但是，倡导规划依然保留在规划的专业语言和文化中。

在少量的例证中，倡导精神已经渗透到地方规划项目的日常运作中。倡导精神的关键是对行政管理实施充分改革，允许这种精神发扬光大。1969～1979年的克里夫兰市就是一个很好的例证，那个时期，诺曼·克鲁姆霍尔茨是一位以倡导为导向的总规划师。把低收入社区的需要放在工作首位，平等获得城市公共设施和资源所提供的服务，是克鲁姆霍尔茨和他的同事们向市政府提出推荐意见的基本标准。[16] 对于克鲁姆霍尔茨来讲，公平规划师（他使用的术语）是这样一些人，他们在工作中有意识地"避开地方精英，向贫穷的和工人阶级城市居民重新分配权力、资源和鼓励参与。"[17] 毫无例外，当传统的商务导向的行政管理获得权力时，这种方式顷刻瓦解（我从与克鲁姆霍尔茨之后克里夫兰的一位规划师的通信中了解到，实际上，那里实施了犁庭扫闾式的清理，清除掉1969～1979年规划项目的痕迹）。

1996年，约翰·梅茨格（John T. Metzger）对美国城市的公平规划项目进行了一个很有意义的回顾。他把公平规划定义为由政府体制内部实行的倡导规划，他引述了伯克利、波士顿、伯灵顿（佛蒙特）、芝加哥、克里夫兰、哈特福德、旧金山和圣莫尼卡这些曾经有过承载公平规划的条件的城市。[18] 在梅茨看来，公平规划"是一个纲领，政府里的倡导规划师们利用他们的研究、分析和组织技能影响舆论、调动没有发出声音的选民，提高和落实向城市中的穷人和工人阶级居民重新分配公共和私人资源的政治和项目。"[19] 他认为："通过这些工作而产生的计划和政策，与大部分美国城市的以市中心为导向的土地使用规划传统相悖。"[20]

虽然公平规划师取得了一些成就，但是，梅茨还是怀疑公平规划的前景。1996年以后，因为得不到足够的行政管理上的支持，那些曾经在20世纪80年代"改革的城市"里工作的大部分公平规划师都离开了他们的这种工作。梅茨认为，现在，公平规划师"更有可能作为住宅管理、社区发展和经济发展项目的行政管理人员来工作，或者做城市管理者的工作，而不一定做传统意义上的规划部门的工作，许多地方传统意义上的规划工作仍然在阻碍着公平规划的理念。"[21]

当然，现实情况是，公平规划的前景，如同其他规划模式的愿望一样，很大程度上依赖于实践这类模式的政治环境。显而易见，在改革政治领导人，而不是保守的行政管理者的领导下，公平规划更易于成功。然而，公平规划在规划专业中依然是一个强大的因素，只要条件成熟，总会出现。

倡导精神还以其他方式出现。最常见的是，集中在特定群体上的人的倡导。彼得·马瑞斯（Peter Marns）断言，"比起20世纪60年代，现在更多的规划师正努力帮助贫穷的社区。这些规划师几乎没有幻想规划能够重新分配资源，他们也不是十分急于调整他们的职业身份。"[22] 已经出现了一定量的有关妇女倡导方面的文献，涉及规划过程中考虑到妇女的特殊需要方面的问题和经历。[23] 另外，许多规划师会提出，他们是为后代人倡导。

问题倡导，以及特殊利益群体孜孜不倦地倡导他们的目标或价值观念，已经成为我们社会的一个中心特征。许多这类倡导直接与规划相关，这样就不可避免地吸引了规划师的注意力和参与；涉及环境、经济发展、可承受住宅、区域发展、娱乐、旅游、健康、教育和历史保护的组织都提供了很好的例证。实际上有人会说，越来越多的选择在私人非营利组织工作的人在处理这类问题时，最直接地贯彻着这种倡导精神。人们告诉我，他们自由地宣传他们的价值观念，不用担心来自过分谨慎的领导人或选举产生的官员的惩罚。当然，那种以为在这种非营利组织里就业就没有任何政治压力的看法是不正确的，实际上，这些在非营利组织里就业的规划师也是处在失望中的。与客户、具有各种审批权的政府部门、资金来源、管理董事会和其他一些实体必须都保持着政治上的关系。另一方面，在私人非营利组织找到倡导环境保护方面的工作要比别的地方更容易一些，至少在现在的政治条件下是这样。

当然，倡导规划已经给比较常规的规划实践模式留下印记。许多大城市的规划部门安排了一部分工作人员和资源从事街区层次的规划，让规划师有机会与草根组织发展一种倡导方式的关系。这类规划师最终向谁负责和报告工作其实至今仍然是一个未了事宜，但是，倡导规划的进步与大卫杜夫和他的同事们在 20 世纪 60 ~ 70 年代的工作是分不开的。

我的看法可以归纳为两点。第一，我认为，倡导思潮的最重要的和最持久的贡献是，它成功地让规划师放弃了这样一种观念，即规划的基本目的是服务于统一的公共利益。倡导使得规划师们把他们的工作集中到了特定的亚群体——穷人和无权势的人们以及其他一些亚群体。

第二，倡导基本上是关于价值观念的。倡导意味着有意识地按照一组特定的价值观念做决策。实际上，所有的规划师在专业实践活动中都有他们的价值观念，所有的规划师也在倡导这些观念。这就再次显示了自我反省我们正在做什么和我们正在为谁工作等问题的重要性。

确切的倡导精神是一种精神。但是如果是这样，倡导并没有给我们提供一种具有指南性质的规划方式。因此，我们必须继续我们的探索。

★ 注释 ★

1. Barry Checkoway, "Paul Davidoff and Advocacy Planning in Retrospect," *Journal of the American Planning Association*, Vol. 60, No. 2 (Spring 1994), p. 140.

2. Ibid., p. 139.

3. Paul Davidoff, "Advocacy and Pluralism in Planning," *Journal of the American Institute of Planners*, Vol. 31, No. 4 (November 1965), pp. 331–338.

4. Ibid., pp. 331–332.

5. Ibid., p. 332.

6. Ibid. Emphasis added.

7. Ibid., p. 333.

8. Ibid.

9. Ibid., p. 334.

10. Marshall Kaplan, "Advocacy and the Urban Poor," *Journal of the American Institute of Planners*, Vol. 35, No. 1 (March 1969), pp. 96–101.

11. Paul Davidoff and Thomas A. Reiner, "A Choice Theory of Planning," *Journal of the American Institute of Planners*, Vol. 28 (May 1962), pp. 103–115.

12. For an overview of that specialization, see Michael P. Brooks, *Social Planning and City Planning*, Planning Advisory Service Report No. 261 (Chicago: American Society of Planning Officials, September 1970).

13. For a description of these programs, see C. Richard Hatch, "Some Thoughts on Advocacy Planning," *The Architectural Forum*, Vol. 128 (June 1968), pp. 72–73, 103, 109.

14. Roger Starr, "Advocators or Planners?" *ASPO Newsletter*, Vol. 33 (December 1967), p. 137.

15. Richard S. Bolan, "Emerging Views of Planning," *Journal of the American Institute of Planners*, Vol. 33 (July 1967), p. 239.

16. For a description of this program, see Norman Krumholz and John Forester, *Making Equity Work: Leadership in the Public Sector* (Philadelphia: Temple University Press, 1990). Also useful is Krumholz, "A Retrospective View of Equity Planning: Cleveland 1969–1979," *Journal of the American Planning Association*, Vol. 48, No. 2 (Spring 1982), pp. 163–174.

17. Norman Krumholz, "Advocacy Planning: Can It Move the Center?" *Journal of the American Planning Association*, Vol. 60, No. 2 (Spring 1994), p. 150.

18. John T. Metzger, "The Theory and Practice of Equity Planning: An Annotated ·Bibliography," *Journal of Planning Literature*, Vol. 11, No. 1 (August 1996), p. 113.

19. Ibid.

20. Ibid.

21. Ibid., p. 115.

22. Peter Marris, "Advocacy Planning As a Bridge between the Professional and the Political," *Journal of the American Planning Association*, Vol. 60, No. 2 (Spring 1994), p. 145.

23. See, for example, Leonie Sandercock and Ann Forsyth, "A Gender Agenda: New Directions for Planning Theory," *Journal of the American Planning Association*, Vol. 58, No. 1 (Winter 1992), pp. 49–59; and Jacqueline Leavitt, "Feminist Advocacy Planning in the 1980s," in *Strategic Perspectives on Planning Practice*, ed. Barry Checkoway (Lexington, Mass.: Lexington Books, 1986), pp. 181–194.

第 9 章
分散开来的非合理性：作为沟通者的规划师

后现代主义

我在第 2 章里提到过，现在规划理论文献都是建立在明确的后现代世界观基础上的。后现代主义这个术语对不同作者（而专业群体没有什么不同）意味着不同的事情，这是一个令人担忧的倾向，后现代主义当然意味着摆脱了现代主义时代的秩序、综合性、可预测性和合理性等主流思潮。[1] 后现代主义观承认，我们所面临问题的复杂性，解决这些问题的方案难以捉摸，发生这些问题地方的社会、经济和政治环境具有混乱的性质。对于规划师来讲，最重要的是，后现代主义拒绝这样一种观念，我们能够通过基于合理性的规划解决我们社区的重大问题。

乔治·海默斯（George Hemmens）写道，现代主义规划"寻求把城市环境的各个部分组织成为一个凝聚的整体，"[2] 强调多种因素之间的关系，如土地使用和交通。另一方面，按照后现代主义的主张，我们需要认识到，"每种社会现象都有多个不可调和的因素，"，从而导致这样的结论，"不能存在一个最好的行动选择。"[3] 海默斯的结论是，后现代主义

认为，支撑现代主义的所有价值观念都是有缺点的。我们能够把所有这些缺点归结为：现代主义思考创造了一个"累计话语"，压制了处于多元文化、多种族和特定性别、特定时间和特定空间社区中的人们，没有在现

代主义的规划中反映那些社区的现实。后现代主义规划师们相信什么呢？首先，这取决于我们作为主张激进的民主的城市形式、体制和开发实践的专业人士。第二，我们应该表达地方利益和我们选民的特殊利益。[4]

朱迪思·英纳斯（Judith Innes）最近的作品对这些观点做出了反应，她认为，事实上我们规划师必须"系统地改造我们的领域，以适应后现代的时代。"[5]英纳斯对后现代主义的世界观和它对规划专业的可能意义做了一个很好的总结：

> 分割了权力、对政府和专家的不信任，多种且似乎无以计数的讨论，那些群体在那里欢呼他们的有差异的新部落，这些构成了20世纪末的世界特征。在整个世界，人们正在发明新的过程和新的体制，以便更有效地处理未来。技术变化和经济的全球化要求专业人士既能从宏观上把握世界，也能创造性地对迅速变化的世界做出反应。在这些条件下，对协作的、交流的规划方式的应用正在与日俱增。这种"后现代的"规划包括在不同观念和不同的人之间建立起联系，在实践中一起学习，在利益和活动者之间实施协调，建设社会的、知识的和政治资本，找到解决最具挑战性问题的新的途径。如果这种协作的、交流的规划编制得好的话，协作的、交流的规划能够建立起它自己的支撑和改变世界。后现代规划面临持续变化的挑战，不是通过创造蓝本或固定的法规制度，而是通过影响持续变化的方向和准备满足不确定性来应对持续变化的挑战。[6]

可以肯定地讲，英纳斯给规划师提供了一组最雄心勃勃的进军号令，号召规划专业一改现存的知识、训练和行动模式。到目前为止，没有多少证据表明整个规划专业朝着这个方向发展（安德烈斯·杜安尼和他的同事们设计的新传统社区已经为后现代规划树立了样板。[7]然而，很难在佛罗里达州的"海滨"看到英纳斯的后现代主义特征）。后现代理论家有可能没有正确地把握当代规划过程吗？或者说，他们不过是指出了他们认为应该在规划中发生的变化吗？他们这样认为的基础是他们特定的价值观念，然而，他们认为应该在规划中发生的变化还没有在任何广大地域里转变成为现实。也许他们正在描述事实上被公共领域其他部门承载的过程，而至今还没有成为城市规划实践的主要方面？规划专业是否应该按照英纳斯描述的方式重新塑造自己呢？

为了回答这些问题，我们需要考察最重要的后现代理论家的一些观念和方案。他们主张的规划策略明显具有分散化的特征，在这种分散化策略下，人们不再把规划师看成从上到下的规划编制者，而是社区基础决策过程的一个推动者。因为这种策略方式几乎不依赖于合理分析和规划，所以这种策略方式也是非合理的。[8]

作为交流行动的规划

后现代规划理论特别强调规划实践活动的交流方面。显然，规划师通过互动的方式把信息和观念传达给许多人和组织，同时接受他们的信息和观念。这种交流不仅发生在正式的规划和报告中，还以各式各样的方式发生，如通过电话和电子信件、会议、前台、非正式的交谈等等。交流有可能采取非语言的方式，从面部表情和手势，到通过我们的行动来转达信息。

交流行动理论家们特别强调这样一个事实，规划交流不仅仅交换话语，还反映着多种体制的、政治的和权力关系。[9] 在这些交流过程中，参与者之间逐步产生了一种集体的意义感，通过这些共享的认识很大程度地，积极地或消极地影响随后的一系列行动。[10] 规划中的交流能够做得很好或做得很不好，当然，交流的信息可能是真的，也可能有假，可能是有效的或无效的，以及操纵性的或强制性的。无论如何，交流总会产生效应，也就是说，交流总会让一些事情发生，成为交流的结果。

正如奈杰尔·泰勒提出的那样，交流是规划过程的一个重要方面，规划交流的观念并非如此简单，交流是规划过程的本质。对于交流行动理论家来讲，"能够把规划看成一个实际的商讨过程，包括规划师、政治家、开发商和公众之间的对话、争论和协商。"[11] 小泽康妮（Connie Ozawe）和伊桑·萨尔茨（Ethen Seltzer）写道，遵循这种方式的规划师"并非关起门来造车，最后提出一个最合理的推荐意见，相反，规划师是公共论辩过程和社会变化中的一个积极的和致力于参与的实践者。"[12]

约翰·福雷斯特（John Forester）在他关于交流行动理论的讲座稿中提出，我们需要把规划师的作为看成"交流行动而不是一种工具性的行动，它影响人们的关注点，以获得特定的结果。"[13] 他认为，规划师的行动"影响他人的愿景、信念、希望和认识，当然，规划师并不严格地控制任何这类结果。"[14] 福雷斯特要求规划师比较好地认识到，他们的"一般行动"在什么程度上产生这些交流的结果，他提出，规划师能够利用这种认识避免可能发生的问题，改善规划实践的质量。

以批判理论家哈贝马斯（Jurger Habermas）的理论为基础，福雷斯特提出了好的规划交流的四大特征。好的规划交流应该是（1）可以理解的（当一个人使用最新的规划行话诱导听众时，不要忘记这一关键点）；（2）真诚，以便建立起一个互信的关系;(3) 合理的,也就是说,符合实际情况,对这个实际情况的认识是合情合理的;(4) 正确的,就规划师的知识和能力而言所达到的最好的认识。[15] 不能满足这些要求的交流是歪曲,歪曲会促进不信任。

事实上,福雷斯特的大量工作涉及的是规划师有可能传播扭曲的信息。规划师能够给社区成员提供日益增加的好质量的信息,或者,他们怂恿(有意或无意)有权力的利益群体操纵交流渠道,让这些利益群体获得期待的结果。[16] 福雷斯特写道,我们有责任"阻止和纠正虚假的承诺,纠正误导的愿景,消除客户不必要的依赖,产生和培育希望,把政策问题和设计问题告诉受影响的那些群体,就可能用来评估这些政策和设计选择的'价值取向'和'利益'进行对话,以及就真正的社会和政治的可能性进行交流。"[17]

我们不可能利用几个段落就能适当地表达规划交流行动理论,对规划而言,规划交流行动方式十分丰富。我们现在已经有了一定数量的文献,但这里仍然没有涉及规划交流行动的许多方面和问题。当然,我希望这里的介绍足以让读者对这个问题有一般的了解。交流行动理论对规划实践的主要意义是什么呢?

实践意义

希望按照与交流行动方式一致的方式从事规划实践的规划师,会特别注意他们在专业交流中所传递的信息,按照福雷斯特的标准审查这些信息,关注这些信息可能产生的后果。当然,除此之外,交流行动理论家强调,"培育社区联络者和联系人网络;给市民提供技术和政治信息;就规划过程,对市民和社区组织实施训导;倾听所有参与者所关注的问题和他们的兴趣所在;保证让社区和邻里组织能够规划信息……"都是很重要的。[18] 有人得出这样的结论,事实上,我们能够把交流行动理解为 20 世纪 60 年代和 70 年代倡导规划的另外一个版本,两种方式有许多相似的基本价值观念和关注点。[19] 当然,交流行动的其他一些因素明显不同于倡导。

这种不同点之一是斡旋的观念,一些群体以不同的角度或目标去看待一个问题,而规划师试图让这两个或更多群体之间达成一个操作性的协议。[20] 开发商和环境保护主义者之间、邻居之间、目标对立的市民群体之间、制定规则者和受到规则约束的人之间,都存在冲突,这些冲突和大量其他情况,给训练有素的斡旋者提供了大量的机会进行干预。当然,规划师本身常常就是冲突的一方,在这种情况下,协商能力会发挥很大作用。

福雷斯特对实现某种公平导向结果时的斡旋十分感兴趣，他和其他交流行动理论家认为，公平导向的结果最为重要。福雷斯特写道，规划师

> 能够使用许多斡旋的方式提出接近、信息、阶级和专门知识上的权力不平衡，这些永远都在威胁着地方规划结果的质量。

> 对于我们社会的体制问题来讲，围绕地方土地使用问题而展开的斡旋过程不是什么包医百病的灵丹妙药。但是，在地方冲突涉及很多问题时，在能够通过交易而实现双赢而利用利益上的差异时，在多样性的利益而非根本权利处在危机状态时，规划师的斡旋策略方式能够在政治上和实践上发挥积极的作用。[21]

有效地发挥协商者的能力当然不是阅读这类文章就可以产生出来的，斡旋是一个相当专门的技能，需要训练和实践。我想，只有很少一部分规划实践者通过大学课程、规划协会举办的讲座，或参加专门的短期课程做过这类培训。期待所有规划师都具有协商能力肯定是不现实的，如果认为斡旋是规划实践的本质的话，与现在的规划职业相比，规划职业需要很大的改变（也就是说，规划职业事实上需要"改造自己"）。然而，在规划师所掌握的工具中，斡旋显然是一个很有用的工具，的确可以建议大型规划部门至少要有一名成员具有这种训练。

在更大尺度上讲，与交流行动理论相联系的第二个角色是：作为共识建设者的规划师。在说明交流行动方式的原理时，英纳斯把达成共识描述为：

> 一种群体商议的方法，群体商议选出各式各样的人，这些人分别代表对一个问题持不同立场的群体，大家坐在一起，面对面地讨论问题，这些人各自代表在这个问题上持有不同立场的群体。帮助、训练参与者和仔细设计的程序都有可能保证讨论达到这样一种状态，所有人的意见都能被其他人听到，他们所关心的问题都能得到严肃的考虑。在广泛的讨论中，几乎不预先设定什么。这种群体协商过程需要参与者都有共同的信息，所有参与者都相互了解对方的利益。当这个群体有探索的利益，对事实确定无疑时，他们就建立起选择方案，发展一套选择标准，在他们都能统一的情况下做出决策。市民、政府机构，甚至立法者一起建立起共识建设群体，补充传统的政策开发和规划编制程序。在地理范围内的规划和政策任务上，这类群体已经达成了共识。[22]

规划师作为协调者的角色已经存在很久了；这里的创新是，英纳斯强调协调是规

划师的一个主要技巧，她把规划师的这个作用与规划实践的一些在历史上难以捉摸的概念联系起来。英纳斯认为，"只要这些决策是出于它们自身的好的理由，而不是出于特定利益攸关者的政治或经济上的权力，"训练有素地协调起来的决策，能够具有"交流的合理性"特征。[23] 但是，我们总是能够清晰地把基于政治或经济利益的那些决策与具有"交流的合理性"的决策区别开来吗？拥有权力也意味着有特权确定什么构成好的理由，按照弗莱比杰格（Flyvbjerg）的分析方式，有这种可能吗？英纳斯还提出，一个适当设计的达成共识的过程"能够产生近似于公共利益的决策。"[24] 在一组特定参与者的眼中，情况也许是这样，但是在绝对意义上，一个适当设计的达成共识的过程真能够产生近似于公共利益的决策吗？

对于任何一位长期与市民团体打交道的规划师来讲，在诸如如能够主持好一个有效率的会议等方面，协调能力当然具有很高的价值。[25] 有些规划情形本身就对达成共识很有利，而有些规划情形并非如此，精明的规划师能够说出它们之间的差异。[26] 当然，认为达成共识正在成为规划过程的一个主要范式，可能过高估计了达成共识在规划实践中的确定性。

交流行动的目前状态

1995 年，英纳斯在一篇论文中断言，交流行动理论"正在支配着规划理论领域。"[27] 的确，许多规划专业最著名的作者都对交流行动理论的研究感兴趣，交流行动理论对 21 世纪初期的规划思想的影响是毋庸置疑的。另一方面，假定合理性曾经是真正主导规划专业的最后一个范式，规划理论家长期以来一直都在寻求新的规划理论，那么，声称交流行动理论现取而代之成为规划专业的主导方式的确没有那么简单。这种看法在理论领域和规划实践中的意义究竟有多么坚实的基础呢？

1998 年 4 月，英格兰的牛津举办了一次大型规划理论国际会议。奥伦·耶夫塔克（Oren Yiftachel）在有关这次会议的报告中提出，许多参会人员对交流行动理论声称的主导地位发起了挑战。[28] 按照耶夫塔克的意见，有关这个内容的论文各式各样，他们提出的问题林林总总，从"合理性（对，依然存在），到交流、共识、参与、后现代性、环境可持续、价值、控制、压制，等等。"[29] 另外一位参会者，詹姆斯·思罗克英顿（James Throgmorton）提出，这次大会的绝大多数与会者拒绝交流行动理论具有主导地位的看法。他说，大部分与会者想要拿他们自己选择的理论方式去替代交流行动理论，例如，有人提出，规划应该以生态可持续性原理作为基础。另外一些人认为，规划应该以空间过程和空间法规为基础。还有人认为，规划应该返回到合理性。如此等等。[30]

耶夫塔克认为，交流行动是这次会议上两个最引人关注的方式之一，另外一个方式称之为"批判的方式"（他把这种方式与规划的"消极面"分析相提并论，规划的"消极面"分析涉及"从多种角度,批判地考察规划在建立、维持或再生产社会控制、压制、不平等和不公正方面的作用"）。[31] 总而言之，不仅是以这次会议（许多规划理论家并不没到会）为依据，也以正在不断涌现出来的规划文献为依据，这一点是清楚的，许多规划理论家一直对把交流行动理论接受为规划学科的主导方式表示哑然。当然，值得注意的是，规划理论团体的成员倾向于争议，很乐于看到围绕概念和价值观念展开的争论意见，其实，其他专业的理论家们也是如此。如果一个专业团体围绕一个单一理论完全达成共识的话，还能写些什么，或在会上展开什么争论呢？特别是现在，这个后现代的时代，很难找到一种范式，它能接受所有的挑战而成为这个领域的真正主导。

我们了解到这些有关交流行动在理论上的状态就足够了。对于本书来讲，更重要的是，交流行动方式对于从事具体规划工作的规划师有多么大的作用？如果不出意外的话，人们对此问题的回答一定有积极的与消极的。就消极方面而言，已经出现了若干问题。

首先，只有一些规划师的活动实际上具有交流性质。[32] 其他一些规划师的活动则是比较常态的：考虑一个特殊的问题或任务，安排对这类问题的处理，努力去解决好它（包括收集有关这个特定问题的信息）；通过不同的方式进行思考；评估预算参数；制定时间表；思考问题的政治和法律方面；决定如何推进（包括谁在内）；管理和被管理，如此等等。一旦参与到规划过程中的人们开始交流，交流行动的理论便插足了。在规划师真正达到这个阶段之前，规划师所做的很多工作并非与交流行动理论有多么大的关系。如果交流实际上是规划的本质，那么许多规划师的大量日常工作就被排除在规划之外了。

第二，我有这样一种印象，交流行动的文献一般会将市民价值观念和选择的固有品质浪漫化。交流行动理论似乎假定，如果我们做到（1）所有的利益攸关者都参与进来了，都赋予了权力；(2) 我们与这些利益攸关者的交流是可以理解的、忠诚的、合理的和真实的；(3) 利益攸关者完全了解对他们而言的可能性，那么，就会产生比较好的决策，也就是说，这些决策大体是一个共识，如果没有意外的话，这些决策服务于所有参与者的利益。另一方面，我已经提到过，具有很不同的价值观念、精神和运行方式的个人和组织在什么程度上交流起来，他们的价值观念、精神和运行方式常常是相互冲突的，常常在政治过程中表现出来，而这些政治过程并不在意规划师的管理。

我的一个学生描述了他在一个县规划部做实习生时所遇到的矛盾。除开本职工作外，他还在前台接电话，回答客户的询问。他的工作秩序非常强调客户服务：当他接到电话之后，先报告自己的姓名和工作头衔，有礼貌的倾听对方讲话，交流理解和关切的问题，回答问题或把电话转接给相关人员，等等。他说，问题是这些来电话的人正在表达狭隘的、自私的和有偏见的观点，例如，反对在他们街区里建设社会关照设施。他感到很沮丧，因为他不能与这些打电话的人发生争论；他的工作条例当然排除了这类反应（也不可能在任何情况下圆满地做好这类反应），他克服很大困难去表达"理解和关切"。关于这类事情，他打算做什么呢？简而言之，规划师应该如何对待他们认为明显卑鄙的价值观和目标呢？

可以对这些人做些斡旋或达成共识，从而解决这些人的担心和偏见吗？任何合理的观念都值得去试试，这一点是可以肯定的，但是，如果假定这种方式总是适用的（甚至总是可行的，我们不能强迫人们参与这类反对他们愿望的过程），那就太幼稚了。这个讨论引导出有关交流行动理论的第三个问题，即交流行动理论似乎假定存在一组比较有组织的、和气的、讲理的和可以管理起来的政治过程，而不是打上后现代时代烙印的那种政治过程。斡旋和达成共识的基本特征是，所有参与者一开始就同意，这个过程将有可能就提出来的问题做出决策，借助在这个过程中的一席地位，参与者应该希望遵守这个决定。但是，这并非是在比较大的政治场合可以看到的那类妥协，那里总有赢者和输者，而输者常常寻找各种方式改变这种损失（也许得到一个不输不赢的结果），而不是愉快地接受这种损失。毫无疑问，的确存在许多交流行动理论家推荐的让他们参与进来的问题，规划师应该准备适当地应对他们提出的问题。当然，还必须记住，规划师所面临的许多问题可能不适合于通过这类方式得到解决。

第四，人们承认一个问题适合于斡旋或达成共识，即使在这种情况下，也不能保证这个交流行动过程一定成功。人们已经引用了许多成功干预的例子，[33] 但是，有时规划师竭尽全力，也不能达成妥协或共识。我在第1章中粗略描述的"区域目标"项目就是一种情况，虽然举行了许多次会议，从专业上做了很大的努力，希望对区域发展的基本目标达成共识，但是，由于积极的行动者、趋向于变化的市民和倾向于保持现状的当选官员在目标上存在差异，最终还是没有完成这个政治过程。其他城市也在共同远景或目标确立项目上发生过类似的情况。[34]

第五，甚至在能够达成妥协或共识的情况下，也会有些参与到这个过程中来的群体处于主导地位或被边缘化（有时可能是这个过程产生出来的结果）。我们都不希望看到这种结果，然而，合理的交流不能消除权力关系；所有的交流行动都做过了，权力还是继续存在的。[35]

第六，迈克·诺曼（Michael Neuman）曾经批评交流行动理论强调过程而忽视内容。[36]在交流理论的文献里，没有优秀社区的特定形象，也没有包括这些优秀社区形象的规划；只要正确的人们参与到了交流过程中，只要交流本身是正确的，那么，未来城市的观念似乎就是好的。因为没有在交流行动理论中加入优秀社区形象和规划，诺曼认为，交流行动理论家拒绝"允许我们从现在的情形出发去检验优秀社区过去的规划。通过重新加入优秀社区的形象和重新挖掘优秀社区的规划，我们很容易发现实践已经走到了理论的前头。"[37]

英纳斯认为，交流行动理论已经填补了规划理论和规划实践之间的空白：

> 这些理论家把实践作为他们研究的原材料，所以，抱怨理论与实践脱节没有实际意义。原先的理论家基本上是闭门造车，关起门来对规划进行系统思考，在交流行动理论的研究中，这些新的理论家不同于他们的这些前辈。这些新的理论家致力于研究他们从实践研究中提出来的问题和困境，而不是研究从规划能够或应该如何的思考中提出来的问题。这些新的规划学者把他们的理论基础放在诠释实践的研究上。一方面，他们的目的在于描述规划师们的所作所为；另一方面，批判地反映这些规划师的实际工作。他们应用新的思想方法描述和批判他们所观察到的东西。这些新的规划学者把规划看成一个相互作用的、交流的活动，规划师深深卷入到了社区、政治和公共决策构造中。[38]

英纳斯认为，这种方式并没有提供"底线方案或如何进行交流行动的简单模式，但是，这种理论已经帮助学生和学者们重新思考规划，帮助规划师重新思考他们自己。"[39]

在第2章的讨论中，我曾经提出过，我不能同意规划理论和规划实践之间的空白已经通过交流行动理论大大缩小了。特别需要注意到的是，声称这种空白已经填平的大部分文献源于规划学术界。当这种声音更多地出自规划实践者时，我将会开始更严肃地关注这个看法。

规划学者把他们理论工作的重心放在实践上的这一事实，并不意味着理论与实践的空白就填平了；实际上，人们有理由问这些规划学者，他们还会把研究重心放在别的什么事情上吗？我认为，只要实践者在规划理论事业上的作用继续作为分析和批判的目标，而不是作为追求规划工作绩效质量最大化上的合作者的话，规划实践者和规划学者之间的交流依然好比一个双向大街，各行其道，不会有多少交点（不同的观测者当然对高质量的绩效有不同的定义，这取决于他们用来做评估的价值）。

交流行动理论不能合理地声称其完全主导了当代规划思想领域，交流行动理论也可能没有成功地填平理论和实践之间的空白，但是，它已经对规划专业做出了若干重大贡献。首先，关注规划的交流方面是很有用处的。规划师应该非常重视他们工作的交流效果；规划师应该保证不以延续不公平和压制性权力关系的方式使用他们所说的话和行动，而是使用他们所说的话和行动摆脱不公平和压制性的权力关系，赋予受压抑群体权利；规划师应该努力以可以理解的、忠诚的、合理的和真实的方式进行交流。简单地讲，交流行动理论家对规划专业价值体系做出了重要贡献，应该鼓励所有的规划师把这些价值观念贯彻到他们的实际工作中去。

其次，交流行动理论家已经强调了一组方法，斡旋、达成共识、争议解决和群体决策技术，在一定情况下，这些方法十分管用（特别是在需要做出决定的地方，利益攸关者已经确定下来和希望参与到实现决策的过程中来的地方，权力关系能够不断得到检查的地方，至少能够暂时做到这一点）。这样，交流行动理论也给规划专业的方法论做出了重要贡献。

最后，交流行动理论对规划学术界提供了大量的研究机会。我们还需要更多地认识交流的内容和许多类型规划活动的效果，研究者可能需要花上很多年深入探索这类问题。做到这一点将富有挑战性，研究者和实际工作者以合作者的关系致力于这类研究，让理论和实践领域均能获益。我正在等待，但并非屏住呼吸地等待，由从事实际工作的规划师写出的第一篇对规划理论家所做工作效果进行批判分析的文章。

简言之，交流行动理论是一个丰富的思想、价值观念和方法之源，这些思想、价值观念和方法对规划专业做出了重要贡献。没有必要介意交流行动理论是否是一个囊括一切的范式。作为我们努力塑造未来的过程，规划当然包括了大量的交流内容，规划还包括了许多不适合于装进交流行动这个大口袋里去的其他因素。[40] 没有几个从事实际规划工作的实践者已经表现出有兴趣把交流行动理论作为他们日常活动的一个实践指南，规划包括了许多不适合于装进交流行动这个大口袋里去的其他因素也许就是一个原因。[41]

★ 注释 ★

1. For a discussion of alternative meanings of postmodernism, see Beth Moore Milroy, "Into Postmodern Weightlessness," *Journal of Planning Education and Research*, Vol. 10, No. 3 (Summer 1991), pp. 181–187.

2. George Hemmens, "The Postmodernists Are Coming, the Postmodernists Are Coming," *Planning*, Vol. 58, No. 7 (July 1992), p. 20.

3. Ibid., p. 21.

4. Ibid.

5. Judith E. Innes, "The Planners' Century," *Journal of Planning Education and Research*, Vol. 16, No. 3 (Spring 1997), p. 227.

6. Ibid.

7. See, for example, Hemmens, "Postmodernists Are Coming."

8. Howell Baum suggests that communicative theorists do indeed practice a rationality of sorts, one that "reflects the interplay and negotiation of interests, statuses, and meanings." I won't quibble with this, but it certainly necessitates a broader definition of rationality than the one I have been using. See "Practicing Planning Theory in a Political World," in *Explorations in Planning Theory*, ed. Seymour J. Mandelbaum, Luigi Mazza, and Robert W. Burchell (New Brunswick, N.J.: Center for Urban Policy Research, Rutgers University, 1996), p. 369.

9. Ibid., pp. 368–369.

10. For a discussion of the role of information in communicative planning, see Judith E. Innes, "Information in Communicative Planning," *Journal of the American Planning Association*, Vol. 64, No. 1 (Winter 1998), pp. 52–63.

11. Nigel Taylor, "Mistaken Interests and the Discourse Model of Planning," *Journal of the American Planning Association*, Vol. 64, No. 1 (Winter 1998), p. 71.

12. Connie Ozawa and Ethan Seltzer, "Taking Our Bearings: Mapping a Relationship among Planning Practice, Theory, and Education," *Journal of Planning Education and Research*, Vol. 18, No. 3 (Spring 1999), p. 259.

13. John Forester, *Planning in the Face of Power* (Berkeley: University of California Press, 1989), p. 138. Also see Forester, "Critical Theory and Planning Practice," *Journal of the American Planning Association*, Vol. 46, No. 3 (July 1980), pp. 275–286.

14. John Forester, *Critical Theory, Public Policy, and Planning Practice: Toward a Critical Pragmatism* (Albany: State University of New York Press, 1993), p. 25.

15. Forester, "Critical Theory and Planning Practice," p. 278. Also see Hilda Blanco, *How to Think about Social Problems: American Pragmatism and the Idea of Planning* (Westport, Conn.: Greenwood Press, 1994), p. 138.

16. For an interesting case study revolving around this issue, see Patsy Healey, "A Planner's Day: Knowledge and Action in Communicative Practice," *Journal of the American Planning Association*, Vol. 58, No. 1 (Winter 1992), pp. 9–20.

17. Forester, *Face of Power*, p. 21.

18. Blanco, *Social Problems*, pp. 138–139.

19. Peter Hall, "The Turbulent Eighth Decade: Challenges to American City Planning," *Journal of the American Planning Association*, Vol. 55, No. 3 (Summer 1989), p. 280.

20. See Forester, *Face of Power*, pp. 82–103; and Lawrence Susskind and Connie Ozawa, "Mediated Negotiation in the Public Sector: The Planner As Mediator," *Journal of Planning Education and Research*, Vol. 4, No. 1 (August 1984), pp. 5–15.

21. Forester, *Face of Power*, p. 103.

22. Judith E. Innes, "Planning through Consensus Building: A New View of the Comprehensive Planning Ideal," *Journal of the American Planning Association*, Vol. 62, No. 4 (Autumn 1996), p. 461. See also Judith E. Innes and David E. Booher, "Consensus Building and Complex Adaptive Systems: A Framework for Evaluating Collaborative Planning," *Journal of the American Planning Association*, Vol. 65, No. 4 (Autumn 1999), p. 412; and Innes, "Information in Communicative Planning," p. 60.

23. Innes, "Planning through Consensus Building," p. 461.

24. Ibid., p. 469.

25. A useful discussion of group process techniques is found in Kem Lowry, Peter Adler, and Neal Milner, "Participating the Public: Group Process, Politics, and Planning," *Journal of Planning Education and Research*, Vol. 16, No. 3 (Spring 1997), pp. 177–187.

26. One of my faculty colleagues argues—persuasively, I must concede—that attitudes toward consensus are somewhat gender based. Women, she suggests, are more concerned with the affective elements of a planning process, while men are more oriented toward the bottom line; accordingly, women are more willing to spend the time and energy needed to secure a consensus, while men soon lose patience and want to vote. Obviously there are exceptions to these generalizations, but overall there may be some validity here—and if the reader has any doubts in this regard, I'll be happy to set up a profession-wide vote on the matter!

27. Judith E. Innes, "Planning Theory's Emerging Paradigm: Communicative Action and Interactive Practice," *Journal of Planning Education and Research*, Vol. 14, No. 3 (Spring 1995), p. 183.

28. Oren Yiftachel, "Planning Theory at a Crossroad: The Third Oxford Conference," *Journal of Planning Education and Research*, Vol. 18, No. 3 (Spring 1999), p. 267.

29. Ibid.

30. James A. Throgmorton, "Learning through Conflict at Oxford," *Journal of Planning Education and Research*, Vol. 18, No. 3 (Spring 1999), p. 269.

31. Yiftachel, "Planning Theory," p. 268.

32. I attribute this point to comments made by Ann Forsyth during a session at the 1999 annual conference of the ACSP.

33. See, for example, Lawrence E. Susskind, Sarah McKearnan, and Jennifer Thomas-Larmer, eds., *The Consensus Building Handbook: A Comprehensive Guide to Reaching Agreement* (Thousand Oaks, Calif.: Sage Publications, 1999).

34. See, for example, Amy Helling, "Collaborative Visioning: Proceed with Caution! Results from Evaluating Atlanta's Vision 2020 Project," *Journal of the American Planning Association*, Vol. 64, No. 3 (Summer 1998), pp. 335–349.

35. This point is illustrated quite effectively in a case study by John Foley and Mickey Lauria presented at the 1999 Annual Conference of the ACSP: "Plans, Planning, and Tragic Choices," Working Paper No. 62, College of Urban and Public Affairs, University of New Orleans, no date.

36. Michael Neuman, "Planning,

Governing, and the Image of the City," *Journal of Planning Education and Research*, Vol. 18, No. 1 (Fall 1998), pp. 61–71.

37. Ibid., p. 68.

38. Innes, "Planning Theory's Emerging Paradigm," p. 183.

39. Ibid.

40. Concern for the implementation and effectiveness of plans, says Emily Talen, entails a recognition that "they are more than communicative devices." See "After the Plans: Methods to Evaluate the Implementation Success of Plans," *Journal of Planning Education and Research*, Vol. 16, No. 2 (Winter 1996), p. 90.

41. Jerome Kaufman suggests that the roles posited for planners under communicative action theory are difficult for most public agency planners to pursue, even when they sympathize with the underlying values of the approach. "The prevalent social, political, and institutional system in which U.S. planning operates poses too many obstacles for these roles to work in practice." Kaufman, "Making Planners More Effective Strategists," in *Strategic Perspectives on Planning Practice*, ed. Barry Checkoway (Lexington, Mass.: Lexington Books, 1986), p. 100.

第四部分

趋向更实际的策略

★

◆ 引言

贯穿于规划专业的历史，人们一直都在敦促规划师们承担不胜枚举的角色。规划师是总体设计师、理性的分析家、社会改革分子、具有远见的人、协商者、交流的监控者、说书人、倡导者、社会干预者、政治战略家、综合专家、客户服务专家、交易编制者、社会体制的设计者、群体过程的推动者等等，这类建议难以计数（有些建议颇为滑稽）。大部分这类角色可以归纳到四个范式中，合理规划、渐进主义、倡导规划和交流行动，或与这四个范式之一紧密相连，我们在第 6 ~ 9 章中分别对此做过讨论。

每一个范式都对我们认识规划过程有着重要贡献。每一个范式都给规划师提供了应该如何去做规划的建议，正如我们已经看到的那样，这些建议可以在一些情况下使用，而在另一种情况下则不能使用。我们非常有可能要放弃寻求单一的、包罗万象的、学科界定的范式。❶ 相反，我们应该庆贺如此丰富多样的规划策略方式，把自己的关注点放到认识如何把特定的规划策略方式与实际情况配合起来。1 约翰·福雷斯特断言，正确地讲，是我认为他在断言，当不同的范式"不同地争夺和产生问题，这恰恰是健康的表现，而不是思想的贫困。我们应该停止寻找一个统一场理论，一种共同的最优度量方式，相反，我们应该探索现实的可能性，从而改善规划实践，进而让这些范式服务于人类的需要。"2 做到这一点，意味着使用多种规划策略方式，而绝不是一种规划策略方式。

当然，假定任何一位规划师都在应用每一种规划策略方式上训练有素，假定我们专业的每一个成员都能卓有成效地使用每一种规划策略方式，那是不现实的。实际上，如同规划专业本身在内容上划分出若干专门领域一样，一些人对土地使用、交通、地理信息系统具有专门知识，所以，对规划过程来讲，也是有专门人才的。每一个大型规划组织都需要分析专门人才、前台工作者、设计师、具有创意的人才、政治战略人才和擅长协商的人才、训练有素的交流人才、详细规划人才、远景策划人才、具有"与人相处训练"的人才。比较小的规划组织可能不能够拥有全部

---

❶ 科学哲学家费耶阿本德早就在《反对方法》中提出过与作者相同的观点，主张"什么都行"，即什么方法都能拿来使用的方法论上的无政府主义、相对主义和多元论，批判一切建立理论合理性的判据及科学知识进步的合理性理论，不要企图找到统一的或主导的科学方法。——译者注

这些人才，但是，只要岗位允许，尽可能囊括所有这些人才一定会使工作做得更好。很遗憾，这些特征在招收新成员时，很少得到重视，至少应该明确这一点；当然，这些才能和导向在一个规划组织中的组合和平衡，能够很大地影响到这个组织的绩效。

所有这些不过是重复，我们考察过的每一种方式都对规划专业有着重要贡献，但是，在规划解释和提供给规划师的意见上，这些方式没有一个是全能的，都不能佩戴上"支配性规划范式"的头衔。

在第 6～9 章中，我们或多或少是按这些规划策略方式的出现时序来安排讨论的：第二次世界大战结束后合理性成为那个时期的主导范式；20 世纪 50 年代末和 60 年代初，渐进主义闪亮登场，而后，在 20 世纪 60 年代中期和整个 70 年代，倡导规划成为当时规划专业的当务之急；自 20 世纪 80 年代开始，交流行动理论开始在规划中得到应用。显然，规划过程的观念不断变化反映了我们对规划和政治之间关系重大的不同看法。

有关合理性的早期作家一般把规划描写为一种非常有效的事业，要求规划师几乎不要去关注政治，期待按照那个时期的规划本身的认识去编制规划，没有必要与令人厌倦的政治打交道。查尔斯·林德布洛姆的渐进主义引入了这样一种对现实的认识，政治现实事实上影响着规划过程，所以我们应该考虑到政治现实。保罗·大卫杜夫的倡导规划进一步加重了对政治的关注，提出规划师只有加入政治斗争才能成功；规划的内容依然重要，但是，规划也能作为有效的政治武器而发挥作用。最后，随着交流行动理论的出现，政治的凯旋最终完成。交流行动理论几乎没有强调规划的内容或规划师对未来城市的想象；交流行动理论假定，规划将从主流政治经济中出现，规划师的最重要的作用是，努力创造出一个层次的表演场地。

基于合理性的规划倾向于忽略政治现实，其弱点表现在政治上的天真。我所关心的是，现在，钟摆完全走到了相反的方向。人们认为政治控制了所有的事情，所以不需要规划师去发展和描绘一个比较好的社区的未来远景；所有这些问题归根结底是，所有的利益攸关者是否有机会有意义地参与到规划过程中来。任何有关规划师作为一个训练有素的未来选择方案的制定者的观念荡涤殆尽；简而言之，规划师不再做规划，而仅仅是为他人建立规划过程而已。

我不满意这种有关规划师角色的观念。下面两章提出了一个思路，最终形成一种规划策略方式，期待在作为政治过程的规划和作为塑造城市未来的创造性行动的规划之间形成一种有机协调。这种策略方式意味着，明确地把重点放在规划师和他们的工作环境之间关系的发展机制上。第 10 章考察三个这类发展机制，观念的产生、反馈和目标形成，每一个发展机制都在第 11 章所描述的策略方式上发挥着重要作用。我赶紧要说一句，我不是把这个策略方式作为一个"主导规划范式"提出来的。当然，我希望有些规划师会发现，在一定情况下这种策略方式是有用的。

★ 注释 ★

1. I first discussed this issue in "A Plethora of Paradigms?" *Journal of the American Planning Association*, Vol. 59, No. 2 (Spring 1993), p. 143.

2. John Forester, "Bridging Interests and Community: Advocacy Planning and the Challenges of Deliberative Democracy," *Journal of the American Planning Association*, Vol. 60, No. 2 (Spring 1994), p. 157.

第 10 章
建立起这样一个阶段：观念、反馈、目标和投石问路

我曾经提到，规划专业非常需要能够帮助规划师发挥其作用的策略，这些策略既是有效的，在政治上又是现实的。第 11 章将要描述的"反馈策略"期待满足这个要求。[1] 如同许多原先提出的策略一样，"反馈策略"也是一种规划行动策略，规定了规划师在追逐规划的变化中有可能遵循的一组程序。

"反馈策略"的基础是这样一些涉及规划发生背景的假定；实际上，"反馈策略"把规划发生背景看成"反馈策略"的一个部分。这一章先考察规划发生背景的若干方面，这些方面均在"反馈策略"中发挥着重要作用。

规划观念来自何方？

不管规划师们选择遵循什么样的策略，规划不可避免地意味着做出选择：决定做什么或决定推荐什么，决定把什么合并到一个规划中去，决定谁卷入和如何卷入到规划过程中来。我们有理由问什么才是规划师们获得这些选项的来源以及社会和政治背景对规划师的最终选择有什么影响。赫伯特·西蒙的"管理人"可能说，"足够了"，然而，认为"足够了"的选项本身又是来自何方呢？正如查尔斯·林德布洛姆所说，实际上，规划师已经走过了许多步，可能不过是离开当前的运行模式向前走了一小步，当然，他们毕竟离开了当前的运行模式，这样一个事实使我们询问规划师们获得这些选项的来源问题具有了实际的意义。

林德布洛姆几乎没有谈到规划师获得选项的来源问题，他只是说，处在设计渐变行动过程中的规划师或管理者将"概括他们面临的不多的几个政策选择。"[2]他也没有具体指出，为什么规划师面临这样几个政策选择，而不是其他政策选择的理由。阿米塔伊·埃特兹奥尼稍微特别一点，讲到了给决策者提供咨询意见，"开一份自己想到的、同事提出来的、咨询者鼓动的所有选项清单"[3]，以此作为混合研究策略中的第一阶段。最近，帕特里夏·贝恩（Patncia Bayne）提出，规划师基本上依靠两类"记忆"产生他们的观念。每一个实际工作者认知结构中储备的信息构成"内部"记忆，"认知结构中储备的这些信息源于实践者的特殊经历、教育和信息库以及检索能力。"[4]另一方面，杂志、书籍、文件和规划师通常咨询的人们构成了"外部"记忆。[5]当然，如果我们打算更好地认识规划发生的背景及其如何影响规划行为的方式，我们还需要更深入的研究。

埃特兹奥尼设想了一个"三滤网"，用来说明观念的来源问题，通过他设想的这个三滤网，观念最终得到实施。在埃特兹奥尼看来，思想的、专业的和政治的这三种社会精英构成了一个"滤网"。

> 思想滤网是最开放的一种滤网，经过比较，尤其在这些观念不与重要的已知事实相冲突时，观念得以通过。思想滤网与经验性的滤网相比，更具评估性，比起现实检验，更涉及价值相关性和"覆盖范围"。专业滤网的开放性要少很多，基本上只承认经过经验检验的观念。政治滤网最为狭窄，仅仅允许一两个选项通过它，政治精英寻求实施的这一两个选项。[6]

埃特兹奥尼的构造是有吸引力的，我当然同意他的结论，"一个自由检验社会观念和试图创新的社会，不能只允许经过掌握权力的政治精英们的政治滤网来研究世界以及这个社会本身。"[7]这个观念也与我对过去和现在的规划理论的评价相联系；因为这些规划理论来自规划领域的思想家，所以与经验的东西相比，规划理论当然倾向于具有评估性质和价值相关性。但是，我不能同意埃特兹奥尼的这个判断，思想家构成了最好的或主要的观念来源，供专业人员（大部分从事实际工作的规划师属于这个类别中）应用。后现代时代的明显特征之一是，推动我们社会前进的观念可能源于草根（就规划而言，可能源于专家，有时还可能源于政治家），当然，也可能源于大学、思想库和实验室。我应该考虑这样一种看法。改善社区完整观念的来源比起埃特兹奥尼提出的源泉，在数量上和多样性上要多出很多。

图 10.1 所示的这份清单是与规划师最相关的选项来源分类。[8]当然，我们很难对这些来源的相对性下定论，这要根据情况而定，因规划师有所不同。当然，我们

能够计算每一个来源的出现频率，我猜想，我们会发现，如果按重要性降序排列的话，具有影响的人物可能是最一般的选项来源，随后是咨询群体、法律规定、规划师自己，最后是客户群体。

---

1. **内部的**
   - 理智、知识
   - 意识形态、价值观念
   - 直觉

2. **咨询群体**
   - 地方的（例如，同一个组织中的同事，其他公共官员、朋友和社会联系人）
   - 专业的（例如，研究生院和专业协会，协会成员已经形成了一组专业标准、道德规范和行为模式）

3. **影响拥有者**
   - 上司（在规划师所在机构内部）
   - 选举出来的官员
   - 社会方面和经济方面的权势人物
   - 资源提供者（例如地方、州和联邦政府以及基金）
   - 特殊利益集团（这些利益集团的游说能力和拥有其他形式的政治影响力非常不同）
   - 媒体

4. **法律规定**（法律可能授权这种考虑或通过特定的选项）

5. **客户群体**

图 10.1　规划师一般使用的选项来源分类

不同的规划师一般会从不同的来源获得他们的选项，事实上，在规划师个人工作方式上的一个主要因素，可能是规划师们赋予这些来源的相对权重。例如，倡导规划师为了集中关注来自客户群体（以及来自他们自己的价值体系）的观念，会有选择地过滤掉一些其他观念来源；希望在地方规划机构里迅速得到提升的青年规划师们，可能特别转向具有影响的人物和地方咨询群体的观念；其他一些规划师们，可能努力采纳他们从研究生院或学术会议上获得的观念，等等。我们不能就这里提到的任何一个来源本身做评估，说它是好的或坏的；所有的来源都有可能具有创造性，所有的来源也能产生出恶劣的观念。

在规划师们根据情况同时青睐多个来源的观念时，他们常常感到很难办，需要平等地对多个来源的观念同时做出反应，例如，街区领导和城市商会的领导（这是我们在第8章中提到的"体制内倡导者"面临的困境。）试图遵循职业标准或联邦指南的规划师同样熟悉这样的环境，他们面对着强烈对立的地方情绪。在这类情况下，常常需要做出困难的选择。

其他因素无疑也在影响着规划师所依靠的不同观念来源，例如，规划师在规划机构中地位的变更；个人或家庭状况的变更，或心理状态的变化；要求规划制定决策上的变化，或出现了新的咨询群体。

需要特别强调的一点是，规划师自己内在的资源，知识、经验等等仅仅构成选项的若干来源之一，也许还不是最重要的来源。承认这个事实可能防止掉入职业傲慢的陷阱，在发展多种有效规划策略上值得加以考虑。

依赖于特定的观念来源或选项来源可能有比我已经描述的还要多的意义。首先，与内部来源相关、多种因素、青睐的和不青睐的过去的经验、希望保障自己的工作岗位的安全和优势等，常常结合起来，推动规划师提出相对"安全的"方案。地方政府机构和部门常常没有一个是激进变化观念的来源。不否认存在例外，但是，选举出来的官员也同样只会相对"安全的"方案。几十年前,爱德华•班菲尔德就发现，大城市市长的关键目标是获得支持和避免冲突，这样，这些市长们不是那么关心一个规划设想的内容如何，而是更为关注这个规划设想支持者的身份和政治权力[9]（我们现在也很难说班菲尔德的看法在今天已经过时了）。班菲尔德写道,总执行官们"缓慢地接纳由'民间领导人'给他们提出的问题。根据经验，他们知道，一个组织所要的东西几乎总是其他群体反对的东西。"[10]当市长最终接受一个方案时，"这个方案仅仅涉及没能触及的那些问题；这个方案没有超出手头上的特定的、具体的问题，并不构成一般的原则或较大的问题；这个方案的基础不是这个问题本身的价值，这个方案的基础是，每一个人都应该得到点什么，没有人应该受到很大伤害这样一个原则。政治领导满足于处理即时的问题。"[11]

这个观点不复杂，规划师们获得选项有许多重要来源，他们自己的直觉、地方咨询群体、上司、选举出来的官员等，这些来源可能常常具有谨慎和保守的精神，青睐量变和渐变，而不是质变和突变这样一些特征。另一方面，有些来源也可能提出要求大规模变更的选项，这类来源包括规划师自己的意识形态和价值观念，超出社区范围的咨询组织（如推进改革的国家组织），超出社区范围的提供者（基金和联邦政府），以及客户群体。在我们的社会，渐进主义的力量一般大于主张大规模变革的力量，当我们有这样一种感觉时，记住这一点很重要，确实有主张大规模变更的选项来源。

到目前为止，我已经讨论了一些规划师考虑到的主要选项来源，我也提出了这样的观念，外部力量常常影响规划师对要考虑选项的选择，还会影响选项本身的性质。

当规划师试图选择一个单一的选项时，相同的这类机制就会发挥作用，在两种情况下，我们能够用反馈来最好地描述这种机制。

反馈的关键作用

正像社会和政治背景影响着规划师所要考虑的选项一样，社会和政治背景同样影响着规划师在这些选项中做出他们的选择。在规划师工作环境中工作的人们，领导和同事、客户、权势人物等，常常都知道至少有些选项在考虑之列，他们将以"反馈"形式做出反应和形成压力，这些必然影响规划师的决定。有些反馈是正的，鼓动选择一个已经有的选项，也许提出一些隐形的奖励（快速批准、夸奖、改善关系，等等）；还有一些反馈是负的，威胁如果选择某个特定的选项，就会出现制裁（不批准、撤销支持、丧失朋友或身份、减少或终止资助、社会不稳定）。在任何一个决策中，从有效率地工作的目的出发，不需要这类负反馈；预期的批准或惩罚与实际经历的批准或惩罚一样，都是很有力量的。

反馈也出现在选项选择和选项实施这些阶段里，反馈的频率不低，而且反馈强度很大。这种反馈常常与选项本身同源（政治家、其他官员、客户，等等）。一旦规划师公开地推荐了一个设定的行动过程，接受到来自利益攸关的和受到影响方（利益攸关者）的反馈，在实施行动方案前，常常有必要与一方或多方进行多轮协商，讨价还价、妥协和做出某种交换。这类行动可能很不同于规划师原先决定的那种行动。[12] 一旦开始实施，反馈还会源源不断地发生，行动过程上的调整也会延续下去（这个规划阶段特别棘手，下一章提出的策略试图系统化地处理实施后的反馈）。

我要说的观点是，从一个要处理的问题出现，到实施处理这个问题的行动，整个规划过程都会受到来自规划师以外的多种力量的影响。我认为，通过对提议的行动或实施的行动的反馈，这些力量以最具体的方式与规划师进行交流。规划师从反馈中了解情况，了解到与他们互动的个人和群体的选择、价值观念和目标。[13]

反馈能够通过多种方式进行传递。有些是规划师调查所得，通过调查、关注群体、参加街区会议或公众听证会，与市民委员们一道工作或以其他方式进行。还有一些反馈来自规划师工作之外的地方：报纸和电视节目、致编辑的信件、给公共官员和受到影响的市民的电话和电子信件、要求会面，等等，反馈途径和来源不计其数。反馈是不能忽视的，规划师必须决定如何处理反馈。

形成可以操作的目标：说来容易做起来难

　　市民参与困境一直都是规划实践的一个特征。一方面，大部分规划师都深刻和完全地承认市民参与的观念。另一方面，在后现代时代，这种承诺的具体操作存在很多复杂问题，似乎深不可测。我们鼓励人们承担起解决他们自己问题的领导责任，当这些问题似乎最难以处理时，似乎最有可能需要训练有素的专家出面做工作，看是否可以找到解决办法。毫无疑问，这种困境导致了规划师们玩世不恭地对待市民参与；规划师们邀请市民参与，因为市民参与他们的价值体系一致，但是，他们很少期待市民参与能够出现奇迹，果真找到解决重大社区问题的办法。

　　实际上，自20世纪60年代以来的每一个重大联邦项目都包括了要求市民参与的要求，以此作为接受资助的前提条件都包括了这样一种观念，所有规划活动中都要有市民参与。在公开场合讨论市民参与时，从事实际工作的规划师都对市民参与表示敬意。然而，在私下讨论市民参与时，许多规划师都会谈论，市民参与如何让他们的工作变得复杂起来（市民：不打算与他们一道做规划，不能没有他们而做规划）。每一个参加过公众大会或听证会的人都知道，公共参与一般被负面地表达为反对某些事情，很少有对公共参与做出正面表达的。过去四分之一世纪以来，最重要的草根行动莫过于集中关注市民们如何阻止一条公路的建设，阻止一所大学的扩大，阻止一个不受待见的房地产开发，阻止一个主题公园的建设和其他大型项目。另一方面，规划师没有确切的方式把人们从电视机旁或从互联网上拽出来，参加一个晚上举行的会议，讨论相当抽象的问题，他们乐于他们的社区未来如何发展。

　　规划师懂得，市民参与过程中所表达的选择会随着所采用的选择方式变化，例如，卡尔·巴顿（Corl Patton）的研究显示，在公众大会表现出来的主导情绪常常非常不同于通过对相关群体进行实地调查时所掌握到的那些情绪。[14] 我们也了解到，尽管我们希望市民参与场合是同一个层次的，但是，市民参与场合几乎不是一个层次的场合；在资源、容忍性、对公共事务的兴趣、受教育的水平、抽象和总结能力、群体互动中的训练等方面，人与人都是参差不齐的。最积极参与到规划过程中来的那些人们，甚至于在某些情况下，拥有受人尊重地位的那些人，也未必能够代表比较广泛的社区观点（"草根活动分子"最近制止了向我所在都市区的郊区县大规模扩张的倾向；种族和阶级偏见明显是构成这种倾向出现的原因。草根的情绪完全与经济精英的情绪一样不光彩）。规划师们如何应对所有这类事情呢？一般而言，当我们在推进市民参与中困难重重，私下里怀疑市民参与的效率时，我们不过是对市民参与程序敷衍了事，继续喊喊支持市民参与的口号而已。

但是，我认为，通过在市民和规划师之间的比较现实的工作划分，我们是能够在很大程度上改善规划师与市民参与的关系的。我还认为，合理的和可能有成果的工作划分是，市民负责制定目标，而规划师的基本任务是设计实现这些目标的行动过程。

关注目标是规划过程的一个中心特征。许多年以前，罗伯特·杨（Robert Young）就发现，规划"不同于工程、设计或平常要解决的问题，这类活动的目标是已经提出来的；在规划中，确定目标与实现这些目标的设计同样重要。"[15] 我这里所要提出来的观点是，确定目标的行动是市民有效参与到规划过程中来的重要载体之一。

选举出来的官员和许多公务员通常并不十分关注目标。罗伯特·杨认为，大部分公共政策目标都是"那些制定政策的官员们迫于公众舆论和压力而无法回避的'问题'的期待部分。"[16] 换句话说，大部分目标是不得已设想出来的；一个人提出的目标越少，一个人就越能避免受到公众的责难，其他事情也一样，这似乎是政治生活的一条规则。承诺"不增加新的税务负担"，而后来迫于压力支持增税，这样的总统或州长要为此付出政治代价。

这种情况并不完全适用于规划师，规划存在的价值就在于创造出比没有规划时要好的未来状态，规划师除非有了关于未来的某些观念，否则去追逐比较好的事物状态就相当愚蠢了。[17] 换句话说，规划师需要目标。然而，很遗憾，我们常常面临这样的情况，"没有共同接受的目标，或现存的目标不适当、不合理、似是而非或相互冲突。"[18]

规划师如何应对这种情况呢？规划师从哪些来源获得可以操作的目标呢？通过图10.1所列举的来源分类，可以在一定程度上回答这个问题，那里列举的许多观念来源无疑也会产生目标。图10.2以另外一种方式提出了这个问题，从依赖规划师自己的目标（"最糟糕的"途径）到直接依赖于从公众那里获得目标（"最好的"途径），顺序排列可能的目标来源。下面，我们逐一考察每一个可能的目标来源。

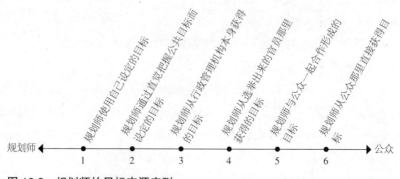

图10.2　规划师的目标来源序列

（1）规划师使用自己设定的目标。很久以前，规划专业里的确有些大师级的设计师，他们基本依靠自己设定的目标，但是，现在没有人再认为这是一种适当的目标来源，甚至在职业道德上也不是可行的；规划师依靠自己设定的目标，不是规划专业的真谛之所在（当然这并非说，现在就没有这类事情发生了）。

（2）规划师通过直觉把握公共目标而设定的目标。我认为，这曾经是规划实践中的常见方式。这种方式假定，目标应该来自社区，规划师通过训练和经验，有资格去把握社区的要求和愿望；规划师不同于其他公务员的地方正在于，他们能够把握得住公众的脉搏。[19] 但是，现在这种方式的信誉已经所剩无几；没有什么事情可以表明规划师被赋予了超常的直觉能力，这种直觉一定能够让这种方式合理化，对此方式的政治支持也是不存在的。

（3）规划师从行政管理机构本身获得的目标。工程师、建筑师，甚至那些从事规划咨询的规划师有可能这样做，因为他们设想，一种情况的政治的和与价值观念相关的方面是其他人的事，与他们无关。规划师不过是一个技术人员，他们不关心目标究竟是对谁而言的；有人正在面对和管理着这类问题，制定出目标，指导规划师的工作。但是，因为规划师们不会面对一个有权决定社区目标的行政管理机构，所以，行政管理机构里的规划师从来就没有按这种方式工作。

（4）规划师从选举出来的官员那里获得的目标。赞成此种方式的根据是，人们选举出的这些人本身就体现了公众的（至少多数公众）的愿望；人们的投票模式反映了他们的目标，这些当选官员如果提出与公众价值观念相违背的目标，他们很快就会被赶出这个位置。所以规划师有理由转向选举出来的官员，获取一组合适的目标。

但是，无数的政治分析家已经描述了选举行为上的某种程度的不合理性，使得政治领域未必能够尽善尽美地反映公众的选择。我在前面也提到过，在提出具体目标上，选举出来的官员有着与生俱来的软弱性，因为强硬了一定会招致反对，选举出来的官员也许还会阻止在未来政策上做出变更。政治家要求弹性，所以宁愿避免目标蕴涵的那些承诺。如果一位选举出来的官员必须签署一个目标陈述，那么有一种针对目标的选择，那就是尽可能抽象和含糊其辞（从政治家的角度看，最好的目标就是，允许那些从相反方向看问题的人们感到，他们的地位受到了支持）。选举出来的官员并不比其他任何人多出三头六臂，能够对所有市民的需要做出平等的反应；有些个人和群体将会感到遭受了冷遇，但是，选举出来的官员也应该接触社区规划过程。出于这些理由和其他一些理由，选举出来的官员对规划师构成了一个可以争议的目标来源，规划师需要的是那些尽可能具体的和可以操作的目标。

（5）规划师与公众一起合作形成的目标。这个方式当然对前面四种方式做了实质性的改变。这种方式的一个很好的例子是，大卫·戈德沙尔克（David Godschelk）和威廉·米尔斯（William Mills）在 20 世纪 60 年代提出的"协作规划"，在我看来，这种方式值得研究，而不只是简单地接受它。[20] 按照戈德沙尔克和米尔斯的意见，协作规划"类似于协作的市场方式，这种方式假定消费者并不确切地知道他的需要，但是，他有兴趣在一个训练有素的咨询者的帮助下明确他的需要，这些训练有素的咨询者了解许多可能的消费选择。"[21] 这种方式的关键特征是，强调规划师与市民之间的对话；规划师努力训导市民群体，考虑一种情形里蕴藏的多种可能性，然后弄清这些群体的要求。在这个过程中，创造性地使用讨论小组（现在我们称它们为焦点小组）和大众媒体，能够产生重要作用。

这种方式虽然有吸引力，但是，它在实践中有些缺点。第一，没有几个大型行政辖区的规划人员能够在一个时期里，去接触、训导和听取所有利益攸关者（个人和群体）意见。所以，自然的倾向是，把重点集中到最善于表达的、最有反应的、最紧急的或最有权力的那些群体。第二，重要的公共政策决策必须在相当快的时间内做出来，所以，妨碍了就当前问题做大规模的市民训导和讨论。第三，除非这个问题是热点问题，引起公众的广泛关注，否则它可能难以吸引足够数量的公众参与讨论。第四，协作规划并不去处理多样性的价值观念和目标，而所有的重大的社区问题都具有价值取向和目标这类价值特征；相反，协作规划似乎设想，公众中存在一个潜在的共识，关键是规划师们能否把它这种共识挖掘出来。

协作规划可能在处理个别组织的内部问题上很有用处，扩大一些，它可能在小镇上发挥作用，大部分重要的群体均能参与进来存在现实的可能性。实际上，这种方式可以与当代的规划策略紧密结合起来，规划师在其中发挥群体组织的作用；事实上，我们能够把协作规划看成交流行动理论的早期表达。但是，作为形成大规模行政辖区目标的一种方式，协作规划可能就不那么适用了。

（6）规划师从公众那里直接获得目标。大部分规划师的价值观念体系会落脚在这个序列端点上。问题是，我们如何从公众那里直接获得目标呢？对此存在如下可能性。

（a）态度和民意测验。态度和民意测验的主要优越性是这种方式的指向性（查明人们的目标比询问目标好一些吗？）以及必要时采用的样本调查手段，有可能让调查具有综合覆盖性。但是，态度和民意测验也有劣势。规范的民意测验很昂贵。民意测验常常在人们对现状不完全了解，或对可能选项没有完全了解的情况下，要求人们做出选择（事实上，一个被调查者几乎不能对他所不了解的选项表达选择）。民意测验常常迫使被调查者在不同答案中做出选择，这些答案可能没有一个能够精确地反映被调查者的真实想法。民意测验很少衡量民意强度，被调查者会希望在多种积极的选项中做出权衡取舍，或被调查者期待在未来某个时间里有可能做出这类选择。政治家和民间领导人常常对民意测验结果表示怀疑，尤其是对那些他们不喜欢的结论；这种情绪常常反映在这样的说法上，"样本有偏见"。糟糕的情况是，相当数量的市民不是很理解民意测验问卷上的概念（归根结底，"丈二和尚摸不着头脑"）。

好的民意测验需要适当的训练和专门技术；许多规划师颇费周折地试图从那些设计不佳或管理不善的民意测验中获得有意义的信息。简而言之，在某些情况下，民意测验很有用，但是，民意测验存在缺点，在询问被调查者对未来目标的想法时，这些缺点尤为显著。

（b）**专题小组**。专题小组在制定小群体或组织的目标时很有效。例如，埃德·佐蒂（Ed Zotti）曾经报告过这样一个项目，利用专题小组决定喜欢或不喜欢芝加哥城中心的什么。[22] 他提出，专题小组比起民意测验要便宜得多，能够比较深入地讨论问题，其他方式不太可能让参与者即兴发挥。但是，专题小组的不足之处是，专题小组获得的结果不能定量描述，很容易被特别积极的参与者所左右。佐蒂的结论是，专题小组的价值在于推进更深入的研究。[23]

另外，把专题小组的方式用于整个社区存在某种限制，理由与协作规划方式提出的一样。没有哪一个规划组织有时间或资源把整个行政辖区里的所有市民分配到一系列专题小组中去。举例来讲，人们认为，我在第 1 章简单描述的"区域目标"项目是成功的，理由是大约有 600 人在给定的时间里参与讨论了这个区域的未来。然而，600 人不到这个区域 75000 人的 1/10。我们真的把整个区域的目标建立在这 600 人的选择上吗（当然，再增加一点复杂性，在这 600 人之间，在以变化为导向的市民和赞助了这个事件的当选官员之间还有许多不同的观点。无需担忧这 600 位参加者可能的目标制定权力）？简言之，专题小组提供了一个很好的载体，去探索紧随其后的其他方法所要使用的观点和观念，但是，专题小组没有提供确定一个社区目标的可行的手段。

（c）**市场行为分析**。市场行为可能是"了解"市民目标的一个好途径吗？例如，这个方式意味着监控消费者的购买、商业投资、流动模式、公共和私人设施的使用。我们可以提出，比起人们的言论或他们在模拟情况下的所为，人们在现实生活的所作所为是他们目标的比较好的体现。另外，计算机的发展已经大大提高了做这类监控所需要的技术。

另一方面，许多因素结合起来赋予市场行为不同于理想的市民目标反映，包括消费者不完善的知识，市场行为的调整相对容易（例如，时尚和在广告上花费数十亿美元），完全参与市场的障碍（种族、阶级、收入都能对消费行为产生影响）。有关市场行为的好的数据的确可以用于多种目的，特别是提供产品或服务的那些部门，但是，作为确定一个社区的目标来讲，市场行为分析还有许多不足之处。

（d）政治过程。最后，人们已经提出了多种制定目标的政治过程。从选举中得到的那些目标的缺点已经讨论过了；其他问题包括常常被放弃的政治承诺、故意含糊其辞的政纲、经常缺少政党和候选人之间的主要差别、媒体和特殊利益群体在选举中所发挥的强有力的影响、个性政治的影响、许多地方选举的低投票率。

公决让市民有机会表达他们对有限范围支出和政策决策的态度，但是，公决几乎不是形成基本目标的有效手段。公决最好是用到是和否这类决策上，美国西部和西南部地区的规划师常常使用这类是或否，公决能够承载异乎寻常的政治恶作剧。在我们的政治制度中，压力团体的活动无孔不入，他们的活动可能"解读"为公共目标的表达；他们当然能够在制定指导公共政策和项目的含蓄目标上发挥主要作用。当然，就我们的规划目的来讲，压力团体也有它们的短处；他们一般都是从短期的角度出发的，一般在货币和权力方向上存在偏向，当然，在广泛关注的开支上，压力团体集中到特殊利益上。

在我看来，的确有一种政治过程，在帮助规划师决定社区的目标上具有很大的潜力。这就是创造性地使用投石问路。

创造性投石问路的好处

基于这里展开讨论的目的，我把投石问路定义为，提出一个旨在产生反馈的观点或采取一个行动。我认为，我们可以用提出一种观点或采取一个行动获得的反馈，来"解读"受到这个观点或行动影响的那些人们的目标。

我的论点如下。贯穿这本书，我们可以看到，公共目标是多样的，而且常常处在冲突之中。所以，不可能产生一组反映整个社区集体选择的单一的和排成序列的目标。如果情况真是这样，在任何一个设定的规划活动中，规划师必须最终找出最有兴趣提出他们需要的那个子群体。那个群体就是规划师针对特定活动的基本客户群体。至此，这个论点颇像倡导规划。然而，我认为，大部分规划师在任何情况下实际上就是这么做的；也就是说，他们在制定规划时，思想上已经有了特定的客户。这些客户可能是低收入街区的居民；他们也可能是从郊区到城里的上班族、新开生意的业主、新郊区居住区住宅的业主、特定公园的使用者或新社区中心的可能使用者。

这一观点意味着，如果要求，规划通常能找出针对特定活动的基本客户群体，他们希望通过一项特定的规划行动让这个基本客户群体受益。当然，有时存在两个以上希望通过一项特定的规划行动而受益的群体，而非一个群体。

如果规划师的这个客户群体的目标与这个社区其他群体的目标发生冲突，怎么办？其实这是很常见的困局。在这种情况下，规划师有三种选择。首先，选择退出这个困局，因为这种冲突太具有政治争议了。第二，努力斡旋，以期得到一个可以接受的结果。第三，成为一个鼓动者。我设想，大部分规划师最终会选择成为一个鼓动者，即第三种选择（即使做第二种选择，斡旋，规划师也是站在倡导者的位置来进行斡旋的）。

这里，我们参与了一个规划活动，而且是与一个以上客户群体一道展开规划活动，我们有兴趣提出这些群体的需要。但是，我们如何为这个客户群体发展出一组目标呢？基于我们已经讨论过的理由，假设我们有能力，仅仅通过拉拢它的成员这一方式，无论是通过民意测验、专题小组还是其他技术，获得有关这个群体目标的完整画面，这种假设常常是徒劳无功的。相反，我认为，当这些目标具体化，无论是积极的还是消极的，只要他们能够对这些真实的或具体的事物做出反应：一个声称为他们服务的项目，一个影响他们生活的政策，构造他们的流动性或空间使用的土地使用形式，等等，大部分人是能够最有效地表达他们的目标的。[24]

这一点与特里·摩尔（Terry Moore）的意见一致，事实上，目标一般对公共政策的影响微乎其微。特里·摩尔写道，"决策者和他们的选举人会一直保留他们的判断和他们的大部分参与行动，等待初步阶段展开，看看特定的政策，评估这些政策对他们利益的影响。"[25]

> 例如，在土地使用上有专长的规划师知道，大部分市民在看到规划图和分区规划图，了解到他们居住的或他们拥有的住宅会受到综合规划的何种影响之前，会暂时保留对综合规划发表意见。规划图和分区规划图展示的这个目标不能做到什么。类似的，没有一个人会去反对市政府保护环境质量和有效提供公共服务的目标，但是，因为建设一条新的下水管线而增加居民所缴纳的房地产税，许多人会反对这一项专门规划。大部分居民在没有看到一项规划会如何影响他们之前，不会对这项规划产生兴趣。[26]

所以，投石问路应该是诱导出给定群体目标的一种有效方式。如果一个项目、一个政策或一个行动与这个客户群体的目标一致，这个客户群体的成员一般会支持它，或者在最坏的情况下，他们会善意地忽略它。但是，如果一个项目、一个政策或一个行动与这个客户群体的目标相冲突，他们总会找到某种方式去反对它。[27] 投石问路概念以及下一章所要讨论的"反馈策略"的关键特征是，要求以最大化源于客户端（以及其他利益攸关者）的反馈流来引导规划过程。在这种方式下，规划过程不仅必须设计用来征集和接受反馈，而且还必须准备在规划过程的后续阶段中考虑这些反馈。[28] 当然，有必要指出，随着电子通信和信息高速公路的发展，这类反馈的产生已经变得比较容易了，而且，这类反馈的可能规模还在明显增大。[29]

我认为，对于那些希望其工作有效和在政治上可行的规划师来讲，投石问路是一种有用的方式。以这种方式编制规划的规划师们能够发挥他们强大的和创造性的作用，也就是说，设计出与他们客户群体目标一致的行动过程。另外，这种角色包括全方位地使用广泛的方法论和技能，但是无论何时，设计出来的行动过程都受制于与客户群体目标相容性的检验。下面，让我们转向这个反馈策略本身。

★ 注释 ★

1. A briefer version of the material in Chapters 10 and 11 was presented in Michael Brooks, "Planning and Political Power: Toward a Strategy for Coping," in *Explorations in Planning Theory*, ed. Seymour J. Mandelbaum, Luigi Mazza, and Robert W. Burchell (New Brunswick, N.J.: Center for Urban Policy Research, Rutgers University, 1996), pp. 116–133. In that article I called my model the "political feedback strategy," but have dropped the modifier because of the skittish reactions I often receive to the word *political*.

2. Charles E. Lindblom, "The Science of 'Muddling Through,'" *Public Administration Review* 19 (Spring 1959), p. 79.

3. Amitai Etzioni, *The Active Society: A Theory of Societal and Political Processes* (New York: The Free Press, 1968), p. 286.

4. Patricia Bayne, "Generating Alternatives: A Neglected Dimension in Planning Theory," *Town Planning Review*, Vol. 66, No. 3 (July 1995), p. 310.

5. Ibid., p. 311.

6. Etzioni, *Active Society*, p. 187.

7. Ibid., p. 189.

8. Note that I have not included cultural or societal norms and mores as primary sources of alternatives. These are important, to be sure, but at a much more general level; they provide a framework within which the sources I have mentioned operate, setting parameters on both the content of the pressures exerted and the nature of the planner's response to those pressures.

9. Edward C. Banfield, *Political Influence* (New York: The Free Press of Glencoe, 1961), pp. 250–253.

10. Ibid., p. 270.

11. Ibid., p. 272.

12. In the early 1990s I was in charge of preparing a strategic plan for my university, working with a small staff and with a twenty-three-member Commission on the Future of the University. After months of analysis of all

the university's academic programs, we released a preliminary list of those programs that would be enhanced—and of those to be "diminished." Feedback was swift and impassioned. Countless negotiations ensued, and the list of winners and losers in the final report, approved several months later, differed significantly from the preliminary one.

13. Attention to feedback is also a key element in the social learning central to John Friedmann's "transactive planning," an approach that focuses on "linking expert with experiential knowledge in a process of mutual learning." See "Toward a Non-Euclidian Mode of Planning," *Journal of the American Planning Association*, Vol. 59, No. 4 (Autumn 1993), p. 484.

14. Carl V. Patton, "Citizen Input and Professional Responsibility," *Journal of Planning Education and Research*, Vol. 3, No. 1 (Summer 1983), pp. 46–50.

15. Robert C. Young, "Goals and Goal-Setting," *Journal of the American Institute of Planners*, Vol. 32 (March 1966), p. 77.

16. Ibid., p. 76.

17. "Ultimately," writes Jill Grant, "planning provides the means to an end. If we have no shared vision of a desirable end state, then how can we expect planning to show us how to get there?" Grant, *The Drama of Democracy: Contention and Dispute in Community Planning* (Toronto: University of Toronto Press, 1994), p. 219.

18. Ibid.

19. This role for the planner was advocated by Roger Starr in "Pomeroy Memorial Lecture: The People Are Not the City," *Planning 1966: Selected Papers from the ASPO National Planning Conference* (Chicago: American Society of Planning Officials, 1966), pp. 133, 136.

For a description of this approach in operation, see Alan A. Altshuler, *The City Planning Process: A Political Analysis* (Ithaca, N.Y.: Cornell University Press, 1965), pp. 97, 142.

20. David R. Godschalk and William E. Mills, "A Collaborative Approach to Planning through Urban Activities," *Journal of the American Institute of Planners*, Vol. 32 (March 1966), pp. 86–95.

21. Ibid., p. 86.

22. Ed Zotti, "New Angles on Citizen Participation," *Planning*, Vol. 57, No. 1 (January 1991), pp. 19–21.

23. Ibid.

24. Giovanni Ferraro makes a similar point with regard to values, arguing that "planners cannot presuppose the existence of knowable collective values as independent points of reference for the plan. Values cannot be taken as a starting condition and a source of information for the planning process. To the contrary, values often appear to be a product of the planning process itself and cannot offer any preliminary criteria for drafting guidelines or a rational definition or evaluation of the plan's choices." See "Planning As Creative Interpretation," in Mandelbaum, Mazza, and Burchell, *Explorations in Planning Theory*, p. 315.

25. Terry Moore, "Planning without Preliminaries," *Journal of the American Planning Association*, Vol. 54, No. 4 (Autumn 1988), p. 525.

26. Ibid., p. 527.

27. Robert Tennenbaum provides an example of "feedback by usage" in describing his work in Columbia, Maryland. Through their usage patterns, citizens supported a mixture of housing types and densities; open spaces; cul-de-sacs and village centers; and pedestrian paths. On the other hand, they didn't like teen centers (teens congregated elsewhere), the minibus system, and certain signage and safety measures. In this instance, the planners were sufficiently perceptive to act upon the received feedback. See "Hail, Columbia," *Planning*, Vol. 56, No. 5 (May 1990), pp. 16–17.

28. For a related discussion, see Melville C. Branch, *Comprehensive Planning for the 21st Century: General Theory and Principles* (Westport, Conn.: Praeger, 1998), p. 124.

29. The impact of these developments on planning is discussed by Edward J. Kaiser and David R. Godschalk in "Twentieth Century Land Use Planning: A Stalwart Family Tree," *Journal of the American Planning Association*, Vol. 61, No. 3 (Summer 1995), p. 382.

第 11 章
公共规划的反馈策略

作为社会实验的规划

这一章提出的"反馈策略"反映了一个明确的规划过程的实验性方向，按照这种策略编制规划存在若干具有说服力的理由。我们确切地知道什么样的单一行动方针与一个特定的问题相关，即使有这种情况，那也是极为罕见的，而我们的行为表现出，仿佛我们毫不怀疑我们决策的正确性。一旦做出这样一个决策，或者说，一个特定的规划已经得到批准，政策制定者一般会认为这个问题到此为止，而把注意力转向其他问题上。正如第 7 章所提到的那样，由于没有"社会认知"发生，无效率的，甚至有害的项目或政策能够延续若干年。

另一方面，如果我们认为每一个规划行动都是一个社会实验过程，并且按照每一个规划行动都是一个社会实验过程的思路去设计规划行动，把规划行动方针作为获得附加信息的手段，了解这个设定行动方针在实现客户群体目标上的效率，那么，我们有关解决问题的认识和实现目标的策略都会不断扩大。[1] 事实上，没有理由不把规划看成一个社会实验过程，针对现实的可能性和约束检验我们的观念，不断地进行评估。[2] 这样一种方向要求我们，不断地接受负面的反馈，只要积累起来的证据建议我们改变政策或项目，我们就应该有这样的愿望。

实验方向要求实施有规律的评估。对规划过程来讲，有两种重要的评估，影响评估和态度评估。影响评估意味着，借助适当的研究方法，评估一个行动方针是否在解决特定问题或实现目标上已经发挥出了效率。另一方面，态度评估是指，评估一个客户群体对行动方针的态度和看法。在规划中，两种类型的评估不是完全独立的，而是相互联系的。

规划理论家一直以来都倡导把评估作为规划过程的关键要素。[3] 但是，实际上这类对规划的评估常常很少发生；强调当下的问题是把对过去行动的评估放到次要地位的一条途径，这样做时常出现遗憾的后果。威廉·怀特把纽约市 1961 年开始实施的奖励分区规划项目作为一个例子。按照怀特的观点，这个项目很快就出现了事与愿违的后果，但是，在没有任何评估的情况下，持续多年产生出大量的负面后果。怀特写道，"从总体上讲，在规划中，一直没有系统地努力找出什么一直都在运转和什么一直都没有运转。大部分规划和设计学院并没有针对评估的课程。"[4] 怀特在规划文献中发现了"另类"，通常出现的这样的字眼，如评估、监控和反馈。怀特的结论是，规划师忙于其他任务，而没有致力于评估、监控和反馈这类活动。[5]

如果我们要求一位首席规划师去评估他或她的机构过去数年的成就，回答常常是以这类术语来表达，预算或工作人员（"我们接受了建立新工作岗位的工资"，"其他部门的预算削减了，我们的不变"），产生的文件（"我们最终完成了我们综合规划的修订版"），或处理的案例量（"去年，我们处理了有史以来最大数量的调整分区规划的个案"）。我还听到过就生存而言的回答，"我想，这是很好的一年，我没有被解雇。"与规划部门对它所在行政辖区生活质量的影响相关的回答太罕见了。我认为这是很遗憾的；除开其他的事情外，这类回答没有为我们说服市民和当选官员，有关高质量规划项目是极端重要的信息提供帮助。[6]

"反馈策略"的基础是这样一个假定，规划专业将从更大程度地强调评估中获得长足的发展，这种评估的重点是规划活动的影响和卷入这个过程的人们的态度。从这个意义上讲，如同我们已经讨论过的大部分策略一样，反馈策略要求调整规划专业的主导行为模式。把实验性的方向用于规划，更大程度地强调规划行动的评估，我并不认为这种调整有那么剧烈，以致损害反馈策略潜在的可行性。况且，这种调整会产生出实质性的收益。

有效率规划师的习惯

至此，我必须提出一个重要的说明。下面就要描述的"反馈策略"由六个阶段组成。我顺序提出这六个阶段，这意味着，在前一个阶段完成之后，方能进入第二个阶段，以此类推。但是，在现实中，有序程度体现了少数规划状况的特征，要求这种有序程度，以便按照接近前后相继的方式执行这个策略。实际上，把反馈策略看成一种对规划过程的姿态比把它看成以步调一致的方式实施的一组程序还要恰当些。这种姿态的关键元素包括作为投石问路的规划目标的理论化、对利益攸关者反馈的敏感性和反应、在形成具体步骤上对反馈的创造性地使用、评估规划和规划行动结果的重要性。规划师能够使用这个策略的关键元素，没有必要以分立和有序步骤的方式使用。

虽然我用规范性术语表达这个策略，实际上，我认为这个策略也是描述性的，有效率的规划常常以描述性的方式出现。许多年来，我所经历的奇闻轶事表明，在对待规划问题的方式上，规划师们都在有规律地使用这些"反馈策略"的元素，当然，是直觉地和部分地，而不是刻意地和系统地。[7]

我把"反馈策略"的六个阶段看作对"有效率规划师的习惯"的一种反映。对这个策略关键元素训练有素的使用者不会被政治约束所压制，相反，他们使用这些元素增加可能的参数。记住，小心翼翼地评估给定规划局面下的政治约束，能够强化本来就谨小慎微的规划师们的谨慎和胆怯倾向。当然，对于那些生来就大胆和冒险的规划师而言，反馈评估能够提供他们设计规避政治约束策略的知识。在两种情况下，没有这类评估就先发言，常常导致挫折和失败。简言之，我提出这个"反馈策略"，是作为一组指南，旨在帮助规划师以政治上现实和功能上有效的方式去发挥自己的作用。

反馈策略

正如我在第 10 章中所说，"反馈策略"特别注意规划师与他们的社会和政治背景之间的相互作用，所以"反馈策略"包括了全书一直在讨论的那种政治机制。事实上，这个策略建立在作为规划过程一个部分的政治活动上，而不是把政治活动看成不正常的外部干扰或阻碍。"反馈策略"认为，规划过程的每一个阶段都从"相关的另外方面"（如客户、领导、当选官员、同事和具有影响的人物）那里产生反馈，"反馈策略"召唤规划师分析反馈，依据反馈而行动。"反馈策略"明确地把规划看成一个投石问路的社会实验，"反馈策略"包括从规划师投石问路产生的反馈中认识问题和做出反应的方式。为了比较有效地使用投石问路，"反馈策略"强调，把有关规划过程每一个阶段的信息向那些最重要的反应方面传递过去。"反馈策略"还要求规划师根据赋予政治环境中多种反馈来源的相关权重做出一些道义上的选择。

现在，我对图 11.1 中图解的"反馈策略"的六个阶段做如下描述：

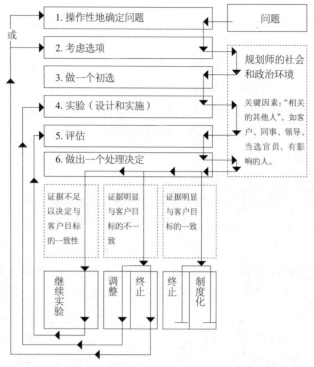

图 11.1　反馈策略

◆ 第一阶段：确定可操作性的问题

一个规划项目或活动通常起始于一个问题的发生或对一个问题的认识，这个问题属于规划师的专业范围，需要采取某种行动。我并不为缺乏对规划专业范围的精确定义而困扰。这些年来，规划参数频繁扩大和收缩取决于多方面的因素，有规划专业内部的，也有外部的。在任何一种情况下，来自社会和政治环境的反馈会警告和挑战那些越出规划专业边界的规划师，规划师将会决定是放弃这个问题，还是去展开一个专业管辖权的争议。

最初的问题可能有一个或多个来源。样本包括以下：（1）可能基于规划师个人的价值观念、最近的经验、数据或其他的来源发现了这个问题。（2）一位选举出来的官员或其他具有影响力的人物提请规划师注意的问题。（3）开发商可能提交了一份开发建议书，而按照现行的分区规划法令，这个开发建议不会得到批准。（4）现存的规划文件，如综合规划、分区规划法令或土地划分规则，可能需要更新或全面修改。(5) 一个利益群体可能给地方政府或规划部门提出一个或若干个问题，要求行动。(6) 危机情况，如洪水、反复出现的交通拥堵、瘟疫、一个大型工厂的关闭、社会动乱，可能要求得到立即关注。(7) 联邦政府或基金推出的新资助项目，可能让一个长期存在却仅仅按照常规办法加以处理的问题成为社会热点问题。(8) 可能有了新的公共设施建设资金，如学校、图书馆、公园，必须决定适当的建设场地。(9) 可能实施法律，创立一个新的规划组织，或要求现存的规划组织解决原先忽视了的问题。(10) 研究可能产生了新的数据，发现例如郊区蔓延、无家可归或交通拥堵这类问题已经达到了一个临界点，需要"大胆的新方式"。(11) 出现在新闻媒体上的令人感兴趣的故事可能产生对特定问题的公共呼吁。这个清单还能继续写下去；关注规划问题的来源几乎没有什么限度。

有效率的规划师会不辞辛劳地保证这些问题一开始就得到操作性的定义。也就是说，规划师们会把这个问题分解为问题的构成部分（如果切实存在的话），找出这个问题处理起来比较敏感的方面，比较缓和的方面，需要通过行动项目才能解决的方面。如果这个问题或问题的某些部分明显不能通过地方规划过程提出来的话，这个问题应该转给更适当的部门（例如，这个问题可能纯粹是一个政治问题，应该通过政治机构去解决）。[8]

在以可操作术语确定了这个问题之后，规划师应该与他所处的社会和政治环境的其他相关方面利益群体、同事、领导等等，交流这个定义。正是在这个关键点上，反馈过程开始认真起来。如果规划师自己对这个问题的定义与其他相关方面对这个问题定义的看法不一致，这种不一致很快就会返回到规划师一方，规划师需要决定对这个定义做出什么调整，如果确实存在调整余地的话。

在这个阶段上应该找出客户群体，即规划师期待在规划活动中照顾到其利益的那些人群。在一些情况下这并非一件复杂的事情，例如，就日托所的需要而言，明显指向上班族、老人、特定街区的居民或双亲均在工作的家庭。在一些情况下，未来居民可能被认为是一个适当的客户群体，而在另外一些情况下，未来居民这个问题的性质或到达规划师桌子上的途径可能意味着，规划委员会或市议会是基本客户。当然，更困难是这样一种局面，包括了多个利益群体，而它们的利益不同，甚至还可能是冲突的。规划师有可能选择其中一个或集中到某种利益群体的结合上，这些结合起来的群体预计能够达成一致或做出某种妥协。

在识别适当客户群体时，规划师一般依靠个人价值观念和条件约束的混合体。规划师有可能不受约束地独立选择客户群体，也可能严格按照法律规定或权力机制选择客户群体。相关群体当然因活动而异，甚至在某个项目进行过程中发生改变。

当然，无论识别适当客户群体的任务是复杂还是简单，都应该在开始阶段就识别适当客户群体。不决定适当客户群体，行动一般会没有方向或根据地推进。在这个阶段动用"公共利益"，努力把客户的身份置于整个社区，一般意味着我们正在欺骗我们自己的状态中。正如原先提到过的那样，规划项目几乎没有可能平等地把它的收益和成本分配给全部市民；有些人受惠，有些人受损（至少在受惠多寡上存在差别）。在现实中，规划师们不可避免地会让有些群体比另外一些群体受惠多一些，当然，规划师工作的受惠人随个案变化而改变。我的看法是，识别受惠者——特定规划活动的客户群体——应该是一个有意识的和有思想的选择，而不是一个没有预期的结果。当然，并非总是有必要当众宣布这个选择。事实上为了谨慎起见，把客户选择保持为一个内部问题。作为贯穿本书的一种情况，我基本上关注的是规划师方面的内省和自我意识。

最后，我还认为，在这个阶段上还没有做制定目的和目标之类的工作，而且也不再采用合理性规划的原则。规划师旨在提供服务的那些客户群体掌握着关键目标；一旦这个客户群体面对一个特定行动时，无论这个行动是概念性的活动（例如，对意向做出反应）还是实验性的，规划师试图找到的那些目标会在客户那里传给规划师的反馈中逐步明朗起来。

"反馈策略"在第一阶段强调的是，认识客户群体的重要性，如果规划师能够认识到客户群体和客户群体的需要，那么这种行动将会获得更大的机会实现与客户群体目标的一致性，事实上，规划师在这个规划过程的每一个阶段上都在不断得到客户群体反馈回来的意见和观点。在这个阶段上就把客户群体的需要转变成为一个目标陈述，还早了一些，没有必要，也许风险还很大。在后继阶段上，以对建议的或要采纳的行动做出反馈的形式表达出来的那些目标，才是最重要的目标。

当然，有人会提出，由于目标通常是一个问题的"期待成分"，也就是说，因为我们要改变现状，所以我们设立了一个目标，问题陈述也意味着假设了一个目标。事情的确如此。但是，关键问题是适当的出发点。目标表征了一个期待的未来状态；改变现状，从而实现这个未来状态的需要可能也蕴涵其中，但是，任何由此而产生的行动对目标本身而言，都是辅助性的，而且，在完全认同目标之前，一般是不提出这些行动的。另一方面，一个问题陈述不过是对失望的现状的一种描述，需要改进型行动是理所当然的。因为，与人们对他们期待的未来做出的描述相比，人们能够更好地对他们经历的具体事物或看得见摸得着的事物做出反应，所以，正如前面讨论过的那样，我认为，对问题的陈述比起对目标的陈述更能帮助行动。这种区别对于公众的关注和参与规划过程中来的性质和程度，都具有实际意义。

◆ **第二阶段：考虑选项**

有效的规划师一般会考虑若干个可能用来解决问题的行动选项。这个阶段看上去有些像合理规划的策略，其实并非如此；当我们面临一个问题时，我们实际上试图考虑用多种方式表达这个问题（拒绝任何一种规划行动的诱惑，拒绝那些哪怕包含了类似于我们不信任的合理模型任何元素的行动，都可能是不正常的，应该加以阻止。）

我认为，通过提出两大问题，能够帮助我们认识和分析选项。首先，假定有无数的选项备选，我们应该选择哪些选项来深入思考呢？在第10章中，我讨论了规划中存在的五个选项来源：规划师本人、选择的群体、具有影响力的人物、法律框架和客户群体。规划师一般既会考虑他们认为和感觉值得进一步分析的那些观点（无论是基于价值观念、经验、直觉、有效数据还是基于其他），也会考虑源于四个外部来源中任何一个传来的观点，这些外部来源的强度有所不同。作为这个阶段的一个部分，规划师应该让规划环境中其他的相关人士了解这样一个事实，规划师正在考虑选项，鼓励其他的相关人士提出他们认为适当的行动的观点和观念。换句话说，规划师应该确定，反馈渠道始终是开放的和正在运行中的。

规划师严肃地考虑外部产生选项的可能性一般取决于：(1) 规划师发现这些选项具有某种程度的吸引力。(2) 规划师可能感到需要考虑这种选项的压力。通常，只要有吸引力或压力存在，规划师都会仔细地考虑产生于外部的观点。例如，如果一个特定的客户群体提出的选项与规划师提出的选项产生明显的共鸣（或者由于这个观念内在的价值，或者由于规划师对这个群体本身的积极的感觉），那么，即使这个客户群体相对没有什么权力，规划师还是有可能对这个特定客户群体提出的选项进行认真考虑。相类似，在规划师的工作条件下，一个具有权力的群体（假定这个群体能够撤销基金或阻止行动）提出的观点，即使规划师并不认为这个观点有什么吸引力，规划师也有可能去考虑它。

规划师个人的价值观念，这种状况内在的自由程度，都能在很大程度上决定规划师给这些不同的选项来源所赋予的权重（例如，规划师是否受到对相关他人的承诺的制约或可能制裁的约束）。我自己的价值观念体系让我提出，在所有其他事项相等的情况下，特定规划行动确定下来的规划师的客户群体所提出来的选项，具有高于其他来源所提出选项的道义上的优势，所以应该放在优先考虑之列。当然，认为这种观点总比其他来源提出的观点更有效的设想是幼稚的，或者，来自其他来源的影响力有时在规划师考虑选项中发挥着一定作用，否认这一点也是天真的。

在识别选项过程期结束时，规划师一般有一份选项清单，无论是规划师还是其他相关方面，每一个选项都会被规划系统中的某方面看好。尽管理论上讲，选项是无数的，但是，规划师并不需要关注那些没有出现在这个选项过程中的其他选项。我们不可能提出规划师在这个阶段所获选项的具体数目；但是，选中的选项数目一般不会太大。

这里关注的第二个问题是：对每种选项应该做出多大规模的评估，应该使用什么方法进行评估？我的回答是，只要时间允许，有效率的规划师会使用一组复杂的方法对每一种选项都做全面的评估。在对一组选项进行评估前，规划师应该决定规划情景允许的合理的精确性。

在大多数规划情况下，许多约束条件限制了比较选项分析。这些约束条件中最重要的是：

● 规划师的资源，尤其是资金、人员、专长和设备（如计算机及其软件）。

● 截止日期——截止日期常常取决于这样一些因素：这个问题被认为的危机程度，规划组织（临时的还是延续下去的）的预计寿命，这个问题是否是选举出来的官员承诺迅速处理的问题，资金的财政年度（"不能在 6 月 30 日前使用掉的所有资金将返还到城市预算中"）。

● 有关分析的政治约束，包括在分析中的如下因素的结合，产生选项的人数和组织，他们感觉的相对强度和他们拥有的权力数量。

在选项过程开始时，规划师应该评估这些约束和其他的约束，决定有多少时间、资源和分析目标能够用来对这些选项进行评价；不加以限制地进入这个阶段，等于给自己留下了受挫的可能性。在许多情况下，可能存在充分的时间、专长和设备，对模拟模型的开发和复杂的成本—效益分析没有什么政治上的约束；比较典型的情况是，规划师只有几天的时间准备推荐意见。可以用来对选项做分析的时间越短，这个选项过程的主观性和直觉性就越比合理性和"科学性"要大。

◆ 第三阶段：做出初步选择

接下来，有效率的规划师对自己考虑过的多个选项做出初次选择。之所以称这次选择是初次的，是说这次选择不一定是对假定的行动方针的最后选择；究竟采取什么行动的决定只有在适当的评价之后才会确定下来。

这个阶段最重要的关注点是标准和反馈。若干种标准有可能用来做初选。如果规划局面具有不那么直观的特征，对客户群体或公众引不起多大兴趣，那么，有可能使用类似成本 - 效益分析之类的经济效率标准来做选择。当然，正如前面讨论过的那样，规划师碰到这种局面的机会十分罕见，实际上，规划师所面临的选择总是对社区具有直观性和重要意义的。有些选项可能本身就允许使用简单形式的经济分析；

例如，它们的成本远远大于预计的收益。但是，在这个基础上，忽略掉一个或多个选项后，规划师还会有若干个具有竞争性的在经济上可行的选项，所以进一步减少了经济比较方式的适用性。

这样，另外一些标准开始发挥作用了，最重要的是（1）政治可行性，（2）规划师对给定选项与客户群体对这个特定规划活动需要之间匹配的感觉，无论这种感觉是建立在数据上的还是纯粹主观的。同样，规划师的价值观念和外部的约束数目及强度决定着这两种标准的相对重要性。

除开其他事情之外，在一种经济和政治约束条件下，最好的选项是那些最能适合于客户群体对这个特定规划活动需要的那一种选项。从理论上讲，"最能适应"应该通过复杂分析决定，但是，规划机构常常要求规划师在数据不适当、匆匆忙忙地分析和规划师本人的主观结论的基础上，决定这个"最能适应"的选项。然而，如果有了关键的反馈，我们就不用担忧这些局限性了。

在初选做出的前后，规划师一般都会接到反馈。一旦找到了一组需要考虑的选项，有效的规划师将会不辞辛劳地保证反馈确实发生，例如，通过与相关群体交流多种选项。实现这个目的的一般载体是书面的报告，网站，有效地使用媒体，参加相关的会议。

有些选项很快就被贴上了政治上不可行的标签，无论这类选择有多么大的预测收益。在这种情况下，规划师能够发挥一个训导的或游说的角色，努力说服相关群体，为什么他们应该支持这一选项或那一选项。但是，规划师不要对此类活动寄予太大的希望；那些群体支持或反对一个选项的许多理由，几乎不与规划师推崇的反映公众收益而非私人收益的标准相关。

总而言之，把初选过程看作使用一组过滤的方式可能是有益的。有些选项通过经济过滤而被淘汰掉；这些选项，在绝对值上或相对于这些选项预期产生的效益而言，成本明显太高。另外一些选项将通过政治过滤，经过相关群体的反馈而被放弃掉。最后，对于这些剩下的选项，规划师能够做出一点主观判断，确定哪些选项最能满足客户群体的需要（或提出解决这个问题的办法）。正如过去通常出现的那样，如果认为初选所做出的决策是最终的和确定无疑的，那么对公共政策决策来讲，这些标准是不适当的标准。正如我们会看到的那样，在"反馈策略"中，初选的作用不过是形成一个假设；初选要是一个"正确的"初选的话，我们迫切需要是减少选项。实际上，我们几乎没有足够的知识宣称，我们的政策决策在任何绝对意义上都是正确的，"反馈策略"的关键特征恰恰是承认了这样一个事实，并把"反馈策略"建立在这样一个事实上。我们在这个阶段上所做出的初选意味着，最终决策是在后续阶段中做出来的，只有到了那些阶段上，我们才有了更多的认识。十分简单，我们需要用来做出最终决策的认识是，规划行动方针如何实际发生，那些期待得到这项服务的群体如何感觉它。

一旦规划师做出了初选，反馈再次发生作用，实际上，在这个阶段发生的反馈比以往阶段的反馈更强大。正如前面提到的那样，在选择方案最终得到实施之前，需要大量的交易、妥协和权衡，这就意味着，最终采取的行动可能非常不同于最开始选择的和规划宣布的行动。

◆ 第四阶段：设计和实施实验

在做出一个选项的初选之后（如果有必要，针对选择后的反馈而做出调整），有效率的规划师将对这个观点展开实验，也就是说，设计和实施这个选项包括的行动。正是在这个阶段——项目开发或设计——规划师开始充分发挥其创造能力（选择的行动方针的实际管理或行政管理可能落到规划师的手上，也可能不落到规划师的手上，这取决于这个组织的性质；这项工作常常由其他人来承担，从而让规划师自由地观察反馈策略的反馈机制的运行）。

把这个行动方针看成一个实验具有若干设计上的意义。应该清晰地提出作为设计基础的假设，我们打算做什么，究竟要实现什么；应该认识到能够用来检验这些假设的指标，在这个阶段开始时，应该决定评估的方法。

应该建立时间参数；如果期待这个行动方针能够在相对短的时期内（1～2年内）解决问题的话，那么最终结果将会是评估的基本目标。另一方面，如果这个问题在长期过程中得到解决，那么，就应该找到一系列短期指南，对这个过程进行评估。

◆ 第五阶段：评估

假定"反馈策略"具有实验的性质，那么，实施对这个行动方针的评估也许是这个过程的最关键的一步。简单地讲，反馈策略要求我们在实践中认识我们的选择和行动设计。通过评估，让规划师和相关的其他方面获得做出这个行动方针的最终决策（涉及最后的处理决定）所需要的信息。

评估的形式各式各样。评估尺度的一端是"科学的"评估，使用社会科学家创造的研究方法，由训练有素的人员来实施。而在这个评估尺度的另一端，是比较非正式的，但十分重要的持续影响任何规划运行的评估，新的故事、报纸上的社论；地方电视专门报道、组织内部刊物上的文章；市民在公共听证会上提出的意见；选民致选举出来的那些官员的信件；规划学生撰写的案例研究文章等，不胜枚举。多种评估可能对同样的规划局面产生广泛有别的结论。规划师除开对大量的和多样的评估感到沮丧外，还应该记住，评估的重要性并非因为评估产生"事实"，而是因为评估给所有这个规划行动决策过程的参与者们提供了在分析上和政治上极端重要的信息。所有这类评估结果应该得到广泛传播，所有这类评估结果是那些选择参与决策过程的人们需要的一部分关键信息。

正如前面所提到的那样，评估应该集中到两个问题上。首先，这个规划行动在多大程度上成功地消除了规划提出的问题？第二，相关的其他人对这个规划行动方针的态度和看法是什么？前一个问题是"影响评估"部分；正是在这里，规划师试图认识这个规划行动方针解决问题的效率，衡量开始设定的特定问题的指标（当然，记住这一点是很重要的，对一个规划行动方针所做的一个以上"科学的"评估可能产生广泛有别的结论，不同评估结果的使用者也常常以不同的方式解释他们的发现）。另一方面，后一个问题涉及态度，喜欢、不喜欢和其他一些观念，涉及系统的反应汇集。当规划师接受到这两类评估结果时，应该广泛地传播它们，规划师以这些结果为基础所做的任何分析也应该加以广泛传播。

规划师的社会的和政治环境中的那些相关者们在掌握了这些信息后，将对此做出他们最后的反馈行动，也就是说，他们努力在"反馈策略"的最后阶段上影响规划师。

◆ 第六阶段：做出处理决定

如同"反馈策略"的其他阶段一样，规划师对一个处理决定的选择（或推荐意见）会反映他们对多个反馈和评估过程中获得信息的解释。当然，规划师还会受制于来自许多其他相关者所施加的压力。

正是在这个最后阶段上，规划师才能够最好地接受到客户群体的目标。如果规划师做了全面的和合格的评估工作，那么，客户群体（或它的代表）会接受到这样一些信息，即关于规划行动方针对其问题影响的信息；各式各样的相关群体如何看待这个行动方针；在评估已经完成之后，依然留下的未决问题的性质。从这些对行动方针的反应中，应该不难推论出这个群体的目标。

正是在第六阶段，也就是最后一个阶段，应该把来自规划师确定的客户群体的反馈放在首位。如果投石问路是直接从受到影响的公众那里获得目标的一个途径的话，如果市民参与和后现代复杂性之间的矛盾在目标区域内得到了解决的话，那么，做出处理决定的唯一标准是，规划行动方针与规划师期待提出其福祉的那个客户群体的目标相容。简言之，规划师的客户群体应该控制这个处理决定。说规划师在这个阶段做出处理决定，我不过是指，规划师应该从这个客户群体的反馈出发做出决定，什么是这个群体的目标，应该如何行动以实现这些目标。正如前一章所讨论的那样，只有通过这个途径，规划师才能服务于直接从公众那里开采出来的目标。

通过"反馈策略"的前五个阶段，我提出，规划师在他们所处的社会和政治环境中，会接收到来自许多相关群体的反馈。我也提出了这样一个观念，规划师关注从他们的客户那里得到的反馈，具有道义上的重要性，这是我的价值观，然而，遵循这个原则不一定总是可能的；政治上的迫切需要有时可能迫使规划师对来自其他来源的压力做出反应。在第六阶段，也就是最后一个阶段，我已经明确地提出，应该把来自规划师确定的那个客户群体的反馈放在首位；事实上，整个"反馈策略"的合理性正是依赖于这样做的。

但是，为什么规划师应该在这个基础上做出决定，而指望剩下的那些群体袖手旁观呢？显而易见，事情不会是这样。"反馈策略"的第六阶段像每个阶段一样，政治力量会产生影响，这个处理决定十分有可能最终是在其他基础上做出来的，而不是依据规划行动方针与规划师期待提出其福祉的那个客户群体目标的相容性而决定的。例如，地方立法机构决定，绝大多数选民并不支持针对一个特定群体的计划项目，一个利益群体，不是规划师的客户群体，成功地获得了一个资源的再分配，这样一个资源对它自己更为有利，或者地方政府机构受到选举出来的官员的很大影响，推翻了规划师的推荐的决定，于是，处理决定可能最终是在其他基础上做出来的。在这类情况下，规划师能够通过倡导、协商和利用第 12 章中描述的其他政治策略来努力改变一个决定。然而，当规划过程进行六个阶段，八个阶段、十个阶段或十二个阶段，这种或那种策略都不能迫使政治体制停止运转。没有哪一种策略应该这样。规划师在前五个阶段中不断与其所处的政治环境相互作用，规划师有可能强化这样一种可能性，第六阶段，也就是积极地确定规划师的客户目标，在政治上也是可行的。当然，不会打百分之百的保票。

在这个阶段，把握住规划师的客户群体目标，能够做出若干种处理决定（图 11.1）。首先，在处理决定做出前的时间里，没有足够的证据使规划师的客户群体决定这个行动方针是否与它的目标一致。这种情况意味着需要更多的信息；继续实验，规划师返回到第五阶段（评估），建立一个做出处理决定的新的时间表。第二，这个客户群体可能决定，目前确定下来的那个行动方针与它的目标不一致。在这种情况下，有两个选择。如果这个方式显示出处于正确的轨道上，但是需要做出重大调整，那么，应该对此做出修正；这样，规划师返回到第四阶段（实验），重新设计这个行动方针。另一方面，如果客户现在很明确，这个行动方针的方向完全不正确，与它的目标不一致（甚至损害它的目标），应该终止这个处理决定；规划师必须返回到第二阶段，重新考虑一组新的选项，或返回到第一阶段，重新确定问题。

第三，规划师的客户群体可能决定，这个行动方针实际上是在实现着规划师客户群体的目标。这里也有两个选择。在一些极端罕见的情况下，行动方针可能已经完全消除了问题，行动能够终止。当然，从理论上讲，完全解决了问题是所有长期公共行动的最终状态，人者有其屋，出行时间已经不可能再缩短，蔓延已经被完全阻止了，街头犯罪荡涤殆尽，如此等等。当然，这种"全面解决方案"的可能性常常蕴涵在这些例子中，然而，"全面解决方案"的真正实现，如完全消除了重大灾难，是十分罕见的。比较常见的情况是，规划师的客户群体确定，行动方针实际上与它的目标一致，但是，不说永远，这类问题还会存在许多年。在这种情况下，这种行动方针可能制度化；也就是说，这个行动方针丧失掉实验的身份，处于行政管理（与规划相反）之下。

无需赘言，做出这个决定应该慎之又慎；资金适当、实施者训练有素、在正确的时间里展开，得到普遍的支持，在这种情况下成功的行动方针，未必会在另外一种情况下也成功。在大多数情况下，最终把一种行动制度化之前会进行若干轮评估，因为决策的"证据不充分"。

我可以把"反馈策略"总结如下。

第一阶段：规划从一个问题（而不是一个目标）开始，很快地确定下来，达到规划师自己满意的程度，但是，这个问题的确定受反馈的制约，还要做出调整。

第二阶段：规划师从若干来源中（包括规划师自己的想法和其他相关群体的想法）得到若干选项，在一组资源、时间和政治约束条件下，对这些选项进行分析。

第三阶段：规划师对这些选项做出初选，似乎最好按照经济上的、政治可行性和选项与规划师的客户群体需要的适应性等方面做出初选，初选前后出现的反馈对初选的影响很大。

第四阶段：规划师以实验的形式设计和实施选择出来的行动方针。

第五阶段：规划师对所选行动方针的效果进行评估，特别关注（1）这个行动方针消除这个问题的程度，（2）相关的其他群体对这个行动方针的态度。

第六阶段：行动方针在什么程度上与规划师的客户群体的目标一致，依据这个反馈，规划师做出处理决定，继续、修正、终止或让这个行动方针制度化，如果必要，返回到这个策略的前几个阶段上去。

我在前面已经说过，我并不是鼓噪以亦步亦趋的方式使用"反馈策略"，这个总结似乎看上去有这个意思。现实世界几乎不会认定一个流行的规划过程，"反馈策略"和其他规划过程方案概莫能外。相反，"反馈策略"的基本目的旨在提出一组针对规划过程的态度，尤其是认识到实验、投石问路、反馈、评估等方式的使用，承诺服务于规划师的客户群体的目标。

反馈策略如何与其他范式相联系

"反馈策略"从本书讨论的每个范式中吸收了某种元素。实际上，我的愿望是，在每个范式的合理元素基础上建立"反馈策略"，避开每个范式中的不合理（在实践中不那么现实）的元素。

如同大部分基于合理性的模式一样，"反馈策略"也推荐了一系列阶段，似乎它们以有逻辑的、有序的和某种分析的方式表达了规划过程。"反馈策略"强调规划是社会实验，从而显示出它具有某种程度的基于合理性的规划特征。然而，与大部分基于合理性的模式不同，"反馈策略"没有假设，规划基本上产生于规划师自己的创造性观念，或能够应对各种局面的分析能力，没有假设规划师的任务随着规划的编制而结束，也没有假设规划本身的品质决定了执行它的可能性。"反馈策略"承认规划师在形成规划决定和行动中通过规划师所处的社会和政治环境而发挥的强有力的作用，实际上，规划师把这种社会和政治环境并入了规划过程中。

如果"反馈策略"的重点是发现和努力实现一个特定客户群体的目标，那么，它也展现出一个强有力的规范基础；价值观念是"反馈策略"的中心元素，而不是一种不正常的干扰因素。"反馈策略"要求规划师分析在规划过程每一个阶段上接受到的反馈，这样，它几乎没有放弃系统决策的需要；当然，这种分析发生在清晰的规范背景下。简而言之，"反馈策略"保留了基于合理性的规划的某些要素，但是加入了政治的和规范的方面，最终把它自己与合理性范式区别开来。

如同渐进主义一样，"反馈策略"没有假设，针对一个特定问题的第一个方式总是正确的方式，"反馈策略"强调，当一种方式表现出其错误时，采用校正行动的重要性。但是，不像渐进主义，"反馈策略"并不假设正确的行动会自动出现；相反，我们知道，正确的行动一般不会自动出现。"反馈策略"强调了评估的重要性，从而增加了在一个时间限定期内纠正无效率的规划、政策和项目的可能性，纠正的方向是，与规划师的客户群体的目标一致。另外，通过对所接受到的反馈进行小心翼翼地分析，规划师更可能有能力承担起超越渐进主义范围的行动方针。

"反馈策略"也受到倡导精神的很大影响，这一点反映在"反馈策略"强调选择每一个规划活动的客户群体，强调使用这个群体的目标去评估一个行动方针的有效性与无效性上。实际上，以选择的客户的名义，或以特定一组价值观念的名义进行倡导的机会存在于这个策略的每一个阶段上，但是，增加了分析倡导所产生的反馈的责任，使用这种对反馈的分析形成后继的阶段。

最后，如果没有每一个阶段上的有效交流，"反馈策略"是断然不能成立的。规划师们应该与其他相关群体，就问题的确定、考虑中的选项、决策和评估中发现的问题进行交流，而这些交流的方式应该是综合的、忠诚的、合理的和真实的；接下来，规划师还应该仔细倾听和分析他们接受到的反馈。虽然"反馈策略"的这些元素至少与规划的交流行动方式有着些许血缘关系，但是，规划的交流行动方式倾向于强调特殊的价值观念和方法论，而并非规划的交流行动方式的核心，就强调特殊的价值观念和方法论这一点来讲，与"反馈策略"一致。

反馈策略的可能弱点

许多年以来，我一直都在传授这一版本或那一版本的"反馈策略"。我总是请求对此进行批判或持保留意见，这类表达常常如下。首先，"反馈策略"要求规划师扮演一个不熟悉的角色，即评估他们自己编制的规划及其行动。由于规划师过去使用的许多模式或策略已经明确地把评估作为一个主要成分，因此，对此作批判具有讽刺意味。在实践中，评估是很少发生的。事实上，我是在建议，需要非常强调规划过程的评估方面，强调这一点意味着，在规划学位课程和继续教育课程中，应该特别重视评估。我认为，对于一种制定规划和行动的专业，不去关注他们制定的规划是否能够实现他们期待的目的，那是很愚蠢的。

第二个批判必然与这样一个命题相关，评估不一定产生有关行动过程结果的客观事实。相反，评估报告常常反映了报告作者或资助者的价值观念和偏见，对同样一个行动做出一个以上的评估，很可能产生差异很大的"发现"。任何一个重大的和具有合理冲突的政策或项目都容易产生一个评价系统，这个系统由以下几点组成：(1)一个或数个基本评估，它们可能一致或不一致；(2)一个或多个反评估，特别针对基本评估提出的"发现"做出反应；(3)来自文章、致编辑的信、组织的出版物和其他传媒的许多看法，这些意见来自其他相关群体，其重要性不比正式渠道得到的意见差多少。

这种众说纷纭的评估是一个问题吗？我并不这样看。我已经说过，我们不应该把评估结果看成"事实"或"真理"，而是看成用来供某项规划的利益攸关者们分享、审查、解释和以此为基础而行动的信息。评估是反馈过程的原料；反馈远不是告诉人们应该做什么，反馈不过是给人们提供原材料，以便人们对特定的观点、计划或行动方针形成他们自己的反应。规划师通过把这类评估分发给所有的相关者，努力澄清（不是解决）这些他们重点提出的问题。

第三个也可能是最严重的关注点是，有人提出，"反馈策略"可能难以使用到这样的情况中，规划的终端产品是某种形体实体，例如，一幢建筑、一条公路，一个水库或住宅区。按照这个意见，规划师不能对把一条重要公路放在一个特定位置做出首选，对它进行实验，如果评估是负面的（例如，它的交通量太大或太小，它刺激了我们不希望看到的蔓延，它增加了内城和郊区居民之间的差距），我们放弃它（一个"处理决定"）。这对于政府决策成本太高，而且是无效率的。

的确如此。但是，我对此做出三点回应。首先，如果分析时间足够的话，这一点是清楚的，我们的确清除了那些证明无效的形体实体。圣路易斯市的一个失败的公共住宅项目，"普鲁特 - 艾戈（Pruitt-Igoe）"，就是一个众所周知的案例；市中心的高速公路、步行购物街、许多认为不成功的其他构造和设施，已经被清除掉了。第二，建筑师通常设计内部空间可以变动的建筑，以反映使用模式和好恶选择；同样的原则也能用于其他的形体实体。第三，也是最重要的一点，提醒"反馈策略"更是针对规划的一种态度，而不是必须前后相随和完全执行的一组步骤。如果我们维持一种对公共设施规划的实验导向，我们将会有规律地评估这些规划在什么程度上实现了它们的目的，我们将在随后的其他类似设施的规划决策中使用这些信息。例如，我们将了解到，如何复制这些年来我们已经建设起来的公路的最好的性能，如何避免因建设它们而产生的相关问题。在我看来，这才是完全保持"反馈策略"精神的一种方式。

最后，1996 年，当"反馈策略"的一个比较短的版本发表后，遭到了来自格伦•麦克杜格尔（Glen McDougell）的批判，反馈策略的"政治中性（或也许使用'失败主义'可能更为恰当一些），以及它的反理论立场，已经给规划师确定了一个狭窄的角色——体制制约和现存的政治议程限制了规划师。我所要说的是，正是这种对政府机构权力和规划理论错误的盲从消磨了规划的创造性和效率，否定了规划师做出不同行动的选择。"[9]

"政治中性？"可以肯定，"反馈策略"不是基于一种特定的意识形态。"反馈策略"假定，在规划过程的每一个阶段上，规划师的价值观念都是非常重要的。但是，不同于大量当代规划理论文选，"反馈策略"并不规定应该采纳哪些价值观念；相反，它把形成规划师自己价值观念的任务留给规划师自己。如果说这就是政治中性，那么，"反馈策略"的确如此。

"失败主义？"几乎不是。"反馈策略"旨在帮助规划师更有效率，而不是更无效率。我认为，已经对自己工作情况下的政治力量做过分析的规划师，比起那些他们不是很了解却事先选择了意识形态的规划师更有可能成功。事实上，我确信，规划师影响社区的潜力比他们自己设想的要大得多；我期待扩大他们的活动范围，而不是削减他们的活动范围。

"反理论的？"我的关注点一直放在规划理论的特定子集上，关于这一点，我已经在第 2 章中提到过，我关注的是为了做规划的理论，而不是关于或属于规划的理论；也就是说，我一直致力于能够在指导规划师职业角色上帮助规划师的理论，我已经透过实践的镜头评估了这些理论。许多作者已经很好地研究了关于或属于规划的理论；简单地讲，关于或属于规划的理论不是本书的关注点。麦克杜格尔认为，我把任何无效率的和没有创造性的规划都归咎于规划理论。这几乎不是事实。我对规划理论如此关注，并不是因为规划理论已经伤害了规划实践，而是因为规划理论一般没有与规划实践联系起来；规划理论对规划实践的影响如此微弱，我们几乎不能为规划职业上的成功和失败追究规划理论的责任。

有这样的规划师，无论是从事实际规划工作的规划师，还是从事学术研究的规划师，与规划职业联系的基础基本上是自己奉行的一种特定意识形态，至于从事实际规划工作的规划师，果真在他们工作的地方明白地说出和使用这种特定意识形态会发生什么，他并不太关心或根本就不关心，所以，这样的规划师可能对"反馈策略"没有什么兴趣。"反馈策略"是针对这样一些从事实际规划工作的规划师撰写的，除开对自己的价值观念有所反省外，这些规划师真切地对他们专业行动的影响和效率最大化感兴趣。在我看来，最大化专业行动的影响和效率要求相当高度的政治智慧和敏锐的前瞻感，这正是下一部分所要讨论的问题。

★ 注释 ★

1. Kai N. Lee reflects much the same point in his "adaptive management" approach, which is based on the notion that policies are experiments from which we should learn. For an elaboration of this concept, as well as examples of its use in environmental policy, see *Compass and Gyroscope: Integrating Science and Politics for the Environment* (Washington, D.C.: Island Press, 1993). Also see Seymour Mandelbaum, "On Not Doing One's Best: The Uses and Problems of Experimentation in Planning," *Journal of the American Institute of Planners*, Vol. 41, No. 3 (May 1975), pp. 184–190.

2. The essence of planning, writes Howell Baum, is "acting with knowledgeable hypotheses about the consequences of alternative courses of action." See "Teaching Practice," *Journal of*

Planning Education and Research, Vol. 17, No. 1 (Fall 1997), p. 21.

3. An excellent early example is found in Martin Meyerson's classic "Building the Middle-Range Bridge for Comprehensive Planning," *Journal of the American Institute of Planners*, Vol. 22, No. 2 (Spring 1956), pp. 127–139. More recently, evaluation has featured prominently in Melville C. Branch's approach to planning; see *Comprehensive Planning for the 21st Century: General Theory and Principles* (Westport, Conn.: Praeger, 1998), p. 124.

4. William H. Whyte, *City: Rediscovering the Center* (New York: Doubleday, 1988), p. 253.

5. Ibid.

6. For discussions of the ways in which we might evaluate comprehensive plans, see William C. Baer, "General Plan Evaluation Criteria," *Journal of the American Planning Association*, Vol. 63, No. 3 (Summer 1997), pp. 329–344; and Emily Talen, "After the Plans: Methods to Evaluate the Implementation Success of Plans," *Journal of Planning Education and Research*, Vol. 16, No. 2 (Winter 1996), pp. 79–91.

7. While writing this book I received a flyer from the City of Richmond's Department of Community Development announcing a series of neighborhood meetings. The flyer states, in part: "As we bring to a close a multi-year process of updating the City Master Plan, the City Planning Commission is hosting a series of information sessions to review a final draft of the document. These sessions are designed to provide city residents with the opportunity to ask questions *and provide feedback* regarding Master Plan recommendations for each of the City's eight... Planning Districts, prior to the Plan's projected approval by the Planning Commission and City Council this fall." (Emphasis added.) Assuming that citizen feedback is taken seriously in the process, Richmond's planners are indeed manifesting a major element of the Feedback Strategy. For another example—this time within the context of a seven-day charrette—see Alexander Garvin, "A Mighty Turnout in Baton Rouge," *Planning*, Vol. 64, No. 10 (October 1998), pp. 18–20.

8. "The history of planning and policy analysis," writes R. Varkki George, "is replete with instances of solutions that targeted the wrong problem." See "Formulating the Right Planning Problem," *Journal of Planning Literature*, Vol. 8, No. 3 (February 1994), p. 241.

9. Glen McDougall, "The Latitude of Planners," in *Explorations in Planning Theory*; ed. Seymour J. Mandelbaum, Luigi Mazza, and Robert W. Burchell (New Brunswick, N.J.; Center for Urban Policy Research, Rutgers University, 1996), p. 191. *Agency*, in this quotation, refers to "the ability of individuals to intervene in social life through their action" (p. 189).

第五部分

政治环境中的有效规划

★

第 12 章
有着政治智慧的规划师

政治智慧的性质

规划上没有几条不变的法则，但是，以下算是一条：如果规划策略或模式的使用者在政治上愚昧的话，没有任何规划策略或模式，无论是"反馈策略"还是本书中讨论过的任何其他规划策略或模式，会是有效的。贯穿全书，我一直都在强调这样一个事实，政治是规划过程中的一个组成部分；我们不能把政治抛到犄角旮旯里去，或留给政治家处理，为了有效地工作，政治上的大智慧不过是规划师不可或缺的特征之一。[1]

约翰·利维（John Levy）提出过这样一个问题，为什么规划领域如此高度政治化，他提出了若干答案：规划一般涉及人们非常关切的问题；这些问题常常很直观，引起市民行动，经济上的利益通常很大，包括土地价值、住宅费用、房地产税和其他影响市民经济状况的其他因素。[2] 除此之外，还要增加一条理由，也许是更为根本的一条理由，几乎任何一个重大规划决策或行动都有给人们造成不同影响的后果（回忆一下我们在第 4 章中讨论过的公共利益问题）。尽管我们很希望把设想的规划结果描述为共赢，但在实际中几乎从未出现过平等的成本和收益分配；细心的观察通常可以发现，一个特定的规划、项目或措施总在某种程度上产生出赢者和输者。无论这些输者和赢者是否真正感觉到赢和输，赢者和输者总是存在的；规划师不能逃脱政治风云。

有着政治智慧的规划师知道如何在政治环境中求得生存，事实上，有着政治智慧的规划师控制着有效应对政治事务的一组策略。承认规划领域里政治权力的作用，不需要宽慰规划师。有着政治智慧的规划师的战术是，学会利用政治制度，实现规划的目的。正如一位从事实际规划工作的规划师所说，规划师们"需要有政治智慧去利用政治制度，与政治家一道工作，不放弃我们的原则，让我们服务的人们受益，这当然是一个困难的任务。"[3] 困难，毋庸讳言，但是，的确可行。

规划师要想有效地利用政治制度，他们必须能够"读懂"一个特定社区的权力结构。例如，这个社区最有权力的组织和机构是什么，谁一般控制着它们的决策？权力集中在一个单一的金字塔尖上，一组个人或家庭控制着大部分主要决策[4]，还是分布在许多功能领域（如教育、经济开发、宗教、劳动力，等等），每一个都有自己的微型权力金字塔[5]（有些社区的权力结构可能二者兼有，一组在某些方面，而非所有领域，实施着很大的权力；还有一些社区似乎没有什么权力结构可言）。这个社区的领导方式基本上是从上到下的，还是一些草根组织已经至少掌握了某些重要功能？这个社区对待规划和开发的态度是很保守的，还是比较开明地控制着现在的和未来的收益？[6] 地方政府对社区主要商务机构，对其他层次的政府有多么大的权力？规划部门在哪些地方适合于地方的事务规范：规划部门受到尊重，集中参与重大社区问题，或勉强接受，不断地争夺权力，甚至为了自身的生存还在不断地争斗？

规划师对这类问题的回答相当重要。社区之间在变更问题上的容忍程度是有差异的，在一个墨守成规的社区，试图实现重大社会改革能够面临重大挑战。如果少数人控制着大部分社区重大决策的话，不能与这些人一起工作的规划师无疑会遇上令人沮丧的职业经历。另一方面，如果权力是分散的，政治上敏锐的规划师存在大量机会围绕特定问题形成盟友和结成联盟。[7] 简言之，政治权力一般确定了规划师活动的范围，规划师在接受一个特定社区的职位之前，应该了解大量的这类决定因素。约翰·福雷斯特写道，"如果规划师们从权力角度忽视了决定因素，他们肯定没有自己的权势。如果规划师了解了权力关系如何决定着规划过程的话，他们就能够改善他们的分析质量，给市民和社区行动赋权。"[8]

诺曼·克鲁姆霍尔茨和约翰·福雷斯特写道，规划师要想在"麻烦的城市政治世界里"有效率，就必须"在专业上有能力，在组织上精明，最重要的是，在政治上能够有清晰地表达。"[9] 克鲁姆霍尔茨在克里夫兰担任首席规划师长达 10 年，有政治上清晰表达的规划之声：

> 并不意味着做幕后交易。政治上清晰地表达意味着，主动地预测和反应对克里夫兰弱势群体的威胁。政治上清晰地表达意味着，清晰地说明更好的克里夫兰的远景，一个更多服务和更少贫穷的城市，一个有更多选择

和不那么具有依赖性的城市，一个不仅在市中心而且在整个城市都有适当住所的城市。作为一位政治上清晰表达的规划师，意味着确定问题、建立议程、在被迫加以处理之前就主动地应对问题。政治上清晰地表达意味着，走在时间的前头，政治家和城市部门的工作人员常常太忙，太不确定，太照顾自身利益，没有顾及一些问题，这就给了规划师改变城市的机会。在克里夫兰发展一个清晰的公平导向的规划声音意味着，协商为贫穷人群提供服务，但是，政治上清晰地表达意味的事情远远不止这一点：建立信任和规划师的形象，提供技术帮助，与媒体建立紧密的联系以传递公众的观点，在适当的时间里，把信息传递给反对势力的头面人物，草拟法规，不断对公共的成本、收益和福利等问题进行技术分析。[10]

政治上清晰地表达并不意味着，规划师必须成为政治家本身。我的看法很简单，能够有效地利用政治制度，以政治上的大智慧来从事规划工作，这种能力是任何一位胜任的规划师应该具有的基本技能之一。正如金·博尔斯（Gene Bloes）所说，政治智慧"与专业技能同义。"[11]

政治智慧的要素

对规划成功构成基础的东西，在我们给未来规划师所提供的训练中却只占了非常小的部分，这是很可笑的现状。在这个问题上，全国的规划学院各有各的考虑，大部分规划学院把注意力放在分析方法、规划的法律框架、基于意识形态的理论，多种功能专门化（经济开发、交通，等等）和实习上（实习的重点是应用课堂里教过的技能和方法），而没有那么强调在政治制度中如何有效率地做规划。如此之多的青年规划师带着疑虑和担忧进入公共领域，我们对此几乎没有什么惊讶。

我们能够教政治智慧吗？从事实际规划工作的规划师琳达·戴维斯（Linda L. Davis）的回答是，"不能，在政治领域里生存不是我们在规划学院里学的东西。我们在工作中学习，如何在政治领域里获得生存，通过失败学习如何在政治领域里求得生存，尤其是通过观察他人如何在政治领域里生存，通过实验了解我们如何在政治领域里生存。"[12]教育工作者卡伦·克里斯滕森(Karen S. Christensen)的回答是，"可以"。肯定地讲，规划教育者不能保证他们的学生具有"智慧的本能，"但是，他们一定能够"传授智慧的成分（如开会的本领、适应性、发明选项的能力、理解有组织的和政治的激励和机制）。"[13] 戴维斯有关在实践中学习的观点当然没有错，然而，我更赞同克里斯滕森的立场。我们必须认识到，那些涉及规划政治甚少或根本就没有的规划教育课程，有着令人悲哀的缺陷。

对于城市规划师最重要的政治智慧是什么呢？克里斯滕森列举了若干原先的语录。巴里·切克威（Barry Checkowey）提供了一个比较长的清单，他讨论了许多包括在政治策略中的技能：建立目标，认识问题，开发选区，选择战术，建设组织结构，找到和开发领导，训导大众，与有影响的人物建立关系，建立联盟，倡导政治改革。[14] 另外一位作者，盖·伊维尼斯特（Guy Benveniste）撰写了大量有关规划政治的作品，特别重视网络、建立联盟和协商。[15] 伊维尼斯特在这个问题上提供了许多有益的思想（当然，他写的那些规划师一般很不同于阅读本书的规划师，他们是一个国际组织的头头脑脑，他们致力于为发展中国家设计教育体制）。

我自己给规划师列举的最重要的政治智慧清单如下。

（1）规划师应该以合理精确的方式，评估一个特定局面下的可能性和约束因素。在这一点上，最常见的错误是轻率和胆怯的错误。轻率是指，在一件事希望赢但很明显会输的情况下（对一项行动、项目、规划或政策），还做出主观臆断。可以肯定，的确存在战略上的适当退却：以后再考虑某种台面上的观点可能很重要，或者表明支持这样一个群体，以后还需要得到他们的支持，或者退却可能是整个事件或决策链上的基本环节，最终导致期待的结果。一个人在必要的基础尚未建成之前就采取行动，或与难以克服的逆境做斗争之前就采取行动，或对自认为"正确的"事情，即使不好，甚至可能造成伤害，还是一意孤行，这就是轻率可能导致的情况。

胆怯与轻率相反：在成功存在现实可能性的情况下，害怕采取行动，担心失败，忧虑负面的后果。我们大部分人都能想到轻率和胆怯行为者的例子，我们自己也往往这样。我认为，具有政治智慧的规划师在大多数时间里有充分的意识避免这类错误；具有政治智慧的规划师善于产生和分析反馈，有效地使用反馈评估前面的可能性和约束因素。琳达·戴维斯对规划师提出了这样的忠告

> 知道什么时候你正在做一场失败的战斗。无论你使用了何种技术专长，无论你的态度如何强大和坚决，无论参与的市民们如何积极，甚至有"长枪"在握，你还是可能失败。这就好比打牌，你必须知道何时把牌握在手里，何时出牌。否则，你会很快完全出局的。[16]

（2）紧密地与一种对局势的精确评估联系起来，敏感地把握时机。一位规划师要推进的特定项目，在下一次城市选举完成之后，在下一次预算年度里，在进入比

较长的和比较雄心勃勃的市民训导过程之后，在花费了大量时间调动政治支持之后，或更棘手的问题得到处理之后，可能会有比较好的机会。另一方面，也有这种可能，在成功即将到来时，错误地解读了因素，没有采取任何行动。与时机相关的最常见的错误是，急躁情绪和丧失掉机会。有政治智慧的规划师能够避免二者；他们在决定何时推进和何时等待上训练有素。

（3）有政治智慧的规划师必须有很好的交流技能。我已经看到太多次了，由于出现了可以在口头或书面表达上避免的瑕疵，本来很好的规划观念落空了。图示、计算机基础上的表达，以及其他的交流形式当然都是很重要的，然而，就政治智慧而言，我强调的是口头表达和书面表达的基础。当请有经验的规划师评估一下规划学院最近毕业生的训练水平时，他们常常抱怨这些毕业生的交流技能不高；按照他们的意见，最近这些年来，许多规划学院已经开始重视这一问题。[17] 无需赘言，第11章提出的"反馈策略"要求规划师和社区里的其他相关群体保持频繁和卓有成效的交流；如果没有充分的交流或交流质量低劣，"反馈策略"（和其他任何一种方式，就交流而言）都会丧失掉其功效。

按照克鲁姆霍尔茨和福雷斯特的看法，具有政治素养的规划师，

> 知道如何以别人能够理解的语言表达关键分析。有政治素养的规划师知道，他们必须在时间允许和人们能够听取他们意见的时候，准时地说明他们的这些分析。有政治素养的规划师知道，他们必须向那些并非总是专注听取他们意见的听众说明这类分析，所以他们仔细思考……如何向这些听众讲述他们手头的这些重要问题。这样，每一位政治素养和口齿伶俐的规划师，如同他们试图严格地分析和解决问题一样，都在争取成为完全有效率的训导者。[18]

规划师常常在各种各样的讲坛上（公共听证会、市董事会和委员会或街区群体、民间俱乐部，等等），为了多种目的（告知、说服、描述选项、动员、修复损失、抛砖引玉，甚至娱乐）而发表演讲。经常代表一个规划机构出面的那些人的交流技能，在形成一个规划机构整体效率上的作用是很大的。[19]

口头交流规划观念时常见的错误如下：

● 错误地判断了听众——对错误的群体做了错误的讲演，没有了解他们的兴趣或他们的文化修养水平。

● 没有清晰的演讲目标，也就是说，没有肯定这次演讲要实现什么。

● 使用太多的行话（规划师频繁地使用专业术语可能对一般市民不产生什么影

响，例如，我们在谈论联邦政府项目时常常使用字母缩写）。

● 冒犯性的、不相关的或十分庸俗的玩笑式演讲（逢时的幽默可能非常有效，但是有计划的玩笑常常没有什么效果）。

● 过分多的口头禅（不断地使用"嗯"来开始句子）。

● 对数据做冗长和繁琐的描述，常常很快就失去了听众。

● 技术性的错误，例如，照稿念，几乎不用眼睛与听众交流，下意识地把手伸到口袋里摇晃硬币发出声响，坐立不安，来回踱步、讲话单调。

● 在特定场合下，着装太正式或太随便。

● 没有很好地使用图示帮助（标题通常用来强调主要观点，不应该包括演讲者给听众讲的内容，也不应该包含大量的定量数据，字太小，以致全场未必可以看清，或者在一个内容讲完之后，还把这些字迹留在屏幕上）。

我们还能在这份清单上添加很多条错误出来；每一位经常做公开演讲的规划师都很容易列举一份清单，哪些该做，哪些不该做。当然，我的这份清单足以说明，好的交流不能凭想当然而产生。大部分规划师只能通过重视这个问题和在实践中逐步成为一位训练有素的讲演者。

以上有些观点（了解听众，具有明确的目标，避免太多的技术术语和技术错误）也同样适用于书面交流。[20] 无论规划师正在写技术文件，还是法律文件、部门内部的备忘录、信件、（多种类型的）报告，等等，这些观点也是相关的。每一个观点都涉及一种特殊的方式，具有政治智慧的规划师应该都能处理好。

不良书面交流并非一个微不足道的问题。实际上，大量的错误是交流系统中的干扰，当这种干扰太大时，就很难听到这条信息了（电子邮件似乎有所不同，标准相当低；只要可以把握住要点，随便什么表达都可以。我担心这种情况可能蔓延至其他形式的书面交流上）。每一位规划师都要客观地评估自己的书面交流技能水平。如果这个水平存在问题，依靠其他人来编辑、撰写最终报告等会好一些，而不要让不良书面文件的问题反复出现。

与媒体一道工作是有效交流的另外一个重要方面。[21] 采用信息使用最优化的方式准备打算发布的信息，了解如何通过电视把重要的观点完整地传播出去，与记者保持良好的工作关系，这些都是政治智慧的重要方面。

（4）规划师应该是有效的协商者。奈杰尔·泰勒提出，如果规划师的观点要得到实施，那么规划师必须认识到谁是需要进行合作的"行动者"，必须与之进行交流。然而，由于这些行动者有他们自己的议程，他们的议程未必总是与规划师的观念一致，所以，常常有必要进行协商。[22] 另外，正如在第9章所讨论的那样，规划师必须在两个以上具有不同议程的群体间进行斡旋。

（5）政治智慧的另外一个因素是，能够有效地使用社区的权力关系，努力实现期待的结果。例如，这就意味着了解如何形成网络，调动支持，与"友好的外部人士"形成联盟，[23] 有效地利用适当的组织。每一个具有规模的社区都有各式各样的公共利益或"良好的政府"群体，它们的目标常常与地方规划部门的目标一致，规划师很少与这些组织结盟。规划师可能感觉到他们在政治上太弱势了，以致不能与政府之外的组织形成公开的伙伴关系，但是，我认为，他们实际上具有比他们自己认为的要大得多的选择自由。我倾向于彼得•马瑞斯1994年提出的观点："在政府贫困，城市经济步履蹒跚，联邦漠视和政治萎靡的时代，我建议，处在矛盾中的规划师们不要担心他们的权限，应该比较自由地建立联盟，提出自己的解决办法，因为每个人所期待的都是可以操作的计划。"[24]

这个观点也能够用到任何一个大的规划机构或组织内部的政治关系上。琳达•冈迪（Linda Gondim）以她对里约热内卢都市区规划机构的案例研究为基础，做出这样的结论，规划效率"很大程度地依赖于能够调动顶层官员的支持，他们掌控着发挥'技术的'和'政治的'功能的必要资源。"[25] 她写道，仅仅依靠专业技术是不够的；为了让决策者听到规划师的声音，规划师必须有"获得规划机构内独立的和对顶层官员产生影响的策略。"[26] 在她看来，很遗憾，在她的研究中的绝大多数规划师"忽视了官僚政治对规划实践效率的重要影响。"[27] 他们认为自己是技术专家，消极地看待政治权力（把政治权利看作一种压制性的工具），对那些试图利用政治体制的同事表示反感。冈迪的结论是，"拒绝在规划组织的日常工作中面对权力可能是职业错误和个人挫折的主要来源。"[28]

（6）有政治智慧的规划师必须具有指导他们实践的完善的价值观念体系。说得好听一点，缺乏价值观念的政治涉入是轻浮，说的糟糕一点，则是一己私利，可能很危险。在没有职业价值观念指导下就涉入政治体制，一般把权力当成了目标。在我看来，那些把追求功效和权力用来满足个人的规划师，是与有政治智慧的规划师对立的。

（7）最后，有政治智慧的规划师应该有一个令人信服的对社区未来应该如何的憧憬。除非我们对正在寻求的东西存在某种认识，否则，整个政治智慧的概念，在地方政治体制中有功效的概念，就没有什么意义了。实际上，这个论题的重要性足以构成一个章节，下一章正要讨论这个论题。

作为一个总结，我认为，具有政治智慧的规划师（1）能够对一个特定局面的可能性和约束条件做出合理的精确评估；（2）能够十分敏感地把握时机；（3）具有很好的交流技能；（4）是一个卓有成效的协商者；（5）知道如何有效地使用社区的权力关系；（6）受到一组完善的职业价值观念的指导；（7）具有令人信服的对社区未来发展的憧憬。

★ 注释 ★

1. Useful overviews of the relationship between planning and politics are found in Anthony James Catanese, *The Politics of Planning and Development* (Beverly Hills: Sage Publications, 1984); Guy Benveniste, *Mastering the Politics of Planning* (San Francisco: Jossey-Bass Publishers, 1989); and William C. Johnson, *Urban Planning and Politics* (Chicago: Planners Press, 1997).

2. John M. Levy, *Contemporary Urban Planning*, 4th ed. (Upper Saddle River, N.J.: Prentice-Hall, 1997), pp. 80–81.

3. Sergio Rodriguez, "How to Become a Successful Planner," in *Planners on Planning: Leading Planners Offer Real-Life Lessons on What Works, What Doesn't, and Why*, ed. Bruce W. McClendon and Anthony James Catanese (San Francisco: Jossey-Bass Publishers, 1996), p. 33.

4. This formulation of "community power structure" was presented several decades ago in Floyd Hunter's *Community Power Structure: A Study of Decision-Makers* (Chapel Hill: University of North Carolina Press, 1953). Hunter's study, focused on Atlanta, Georgia, was subjected to considerable criticism on methodological grounds (he assumed the existence of a pyramid-shaped power structure, then set about trying to determine who occupied its peak, rather than beginning with more fundamental questions regarding the structure of power in Atlanta). It is still possible, however, to find communities whose power configurations can be described in this manner—as, for example, in small cities dominated by a single industry.

5. Writing less than a decade after Hunter's study, Robert Dahl described New Haven, Connecticut, in this manner in *Who Governs? Democracy and Power in the American City* (New Haven, Conn.: Yale University Press, 1961). So-called community power studies were in vogue for a number of years thereafter, with sociologists tending to follow Hunter's approach and political scientists preferring Dahl's; eventually, however, the topic faded from the scene, in part because this particular intellectual well had run dry, but also no doubt because of the emergence of more ideologically based conceptions of community power.

6. See Pierre Clavel, *The Progressive City* (New Brunswick, N.J.: Rutgers University Press, 1986).

7. An excellent treatment of this issue was Francine Rabinovitz's *City Politics and Planning* (New York: Atherton Press, 1969).

8. John Forester, *Planning in the Face of Power* (Berkeley: University of California Press, 1989), p. 27. Also see Norman Krumholz and John Forester, *Making Equity Planning Work: Leadership in the Public Sector* (Philadelphia: Temple

University Press, 1990), p. 226.

9. Krumholz and Forester, *Making Equity Planning Work*, p. 225.

10. Ibid., pp. 225–226.

11. Gene Boles, "The Principles of Community Alignment and Empowerment," in McClendon and Catanese, *Planners on Planning*, p. 119.

12. Linda L. Davis, "Guidelines for Survival and Success," in McClendon and Catanese, *Planners on Planning*, p. 103.

13. Karen S. Christensen, "Teaching Savvy," *Journal of Planning Education and Research*, Vol. 12, No. 3 (Spring 1993), p. 203.

14. Barry Checkoway, "Political Strategy for Social Planning," in *Strategic Perspectives on Planning Practice*, ed. Barry Checkoway (Lexington, Mass.: Lexington Books, 1986), pp. 198–206.

15. Guy Benveniste, *Mastering the Politics of Planning: Crafting Credible Plans and Policies That Make a Difference* (San Francisco: Jossey-Bass Publishers, 1989). For a widely diverse set of commentaries (including my own) on this book, see the Summer 1993 issue of *Planning Theory*.

16. Davis, "Guidelines," pp. 114–115.

17. For a related discussion, see Connie P. Ozawa and Ethan P. Seltzer, "Taking Our Bearings: Mapping a Relationship among Planning Practice, Theory, and Education," *Journal of Planning Education and Research*, Vol. 18, No. 3 (Spring 1999), pp. 257–266.

18. Krumholz and Forester, *Making Equity Planning Work*, p. 260.

19. For several useful "tips for better verbal presentations," see Pauline Graivier, "How to Speak So People Will Listen," *Planning*, Vol. 58, No. 12 (December 1992), pp. 15–18.

20. For some sound advice on this matter, see John Leach, "Seven Steps to Better Writing," *Planning*, Vol. 59, No. 6 (June 1993), pp. 26–27.

21. See Carol Brzozowski-Gardner, "Insiders' Edition," *Planning*, Vol. 62, No. 11 (November 1996), pp. 20–21.

22. Nigel Taylor, *Urban Planning Theory Since 1945* (London: Sage Publications, 1998), p. 117.

23. John Forester, *Critical Theory, Public Policy, and Planning Practice: Toward a Critical Pragmatism* (Albany: State University of New York Press, 1993), p. 59.

24. Peter Marris, "Advocacy Planning As a Bridge between the Professional and the Political," *Journal of the American Planning Association*, Vol. 60, No. 2 (Spring 1994), p. 145.

25. Linda M. Gondim, "Planning Practice within Public Bureaucracy: A New Perspective on Roles of Planners," *Journal of Planning Education and Research*, Vol. 7, No. 3 (Spring 1988), p. 171.

26. Ibid.

27. Ibid.

28. Ibid.

第 13 章
远景

远景的重要性

　　1988 年，我在《美国规划协会杂志》上发表了一篇题为"城市规划专业史上的四个关键时刻：事后总结"的文章。[1] 这篇文章证明是充满争议的；有些读者认为，这篇文章是对那个时代规划专业状态的一个颇有见地的纵览，而另外一些读者则认为，这篇文章是误导的和错误的。这篇文章明显是我自己职业价值观念的一个表达（这篇文章十分恰当地放在了这本杂志的"诠释"部分），提出了我所关注的问题，正是"改革精神、前瞻精神和未来导向精神"把我们中的许多人吸引到这个事业中来的，然而，规划专业现在却处在丧失掉"改革精神、前瞻精神和未来导向精神"的危险之中。

　　我认为，导致这个危险的是选择，在城市规划专业史上四个关键时刻或转折点上集体做出的那些选择（主要是通过大量小的行动积累起来的影响，而不是通过有意识的决定）。我提出，人们几乎不能觉察到，因为不同的选择可能所致的积极的或消极的后果，但是，在我看来，已经选择的道路给规划专业产生了一些不正常的结果。规划专业追逐的这些途径包括，集体对增加政治权力的诉求（不要与具有政治智慧混淆起来了）、集体对源于联邦政府法令和财政支持的诉求、集体对学术责任的诉求、集体对私人部门审定的诉求。

　　我认为这些诉求已经给城市规划专业带来了问题，如果真是这样，我认为，现在是做一些严肃清算的时候了。在这篇文章里，我把做一些严肃清算的任务描述为，

我们面对和触及

城市规划专业灵魂的问题。城市规划专业的灵魂是，由城市规划历史上的那些具有创造性的和代表性人物的工作，弗雷德里克·劳·奥姆斯特德（Frederik Law Olmsted）、丹尼尔·伯纳姆（Deniel Burnhem）、亨利·怀特（Henry Wright）、克拉伦斯·斯坦（Clerence Stein）、克拉伦斯·佩里（Clarence Perry）、雷克斯福德·盖伊·特格韦尔（Rexforel Guy Tugwell），等等而丰满起来的那个灵魂。那些具有创造性的和代表性人物的工作提醒我们，对致力于服务的那些社区所有居民福利来讲，我们是担负着关键责任的人们，我即刻想到了保罗·大卫杜夫，不可估量地影响了城市规划专业的灵魂。幸运的是，城市规划专业的灵魂是接受养料的灵魂，至今还在许多努力遵循城市规划专业基本价值观念的那些规划师那里。[2]

在这篇文章里，我提出，唐纳德·克鲁克伯格（Donald Krueckeberg）最近曾经引述了两篇书评，一篇是理查德·柏兰的，另外一篇是阿兰·雅各布斯的，"他们赞扬他们所评述的那本书帮助他们想起了为什么会选择成为一名规划师：'追逐人性化的远景'和'有价值的乌托邦'。"[3] 我把这个论点与诺曼·克鲁姆霍尔茨不那么乐观的看法做了对比，他有这样一种观点，大部分规划师是"平常的官僚，寻求一个有保障的事业，有身份，有规律地涨工资。"[4] 我认为，这个对比的意义是，"城市规划专业灵魂的战场将会展开。"[5]

我的结论是，号召复兴城市规划的乌托邦传统。我认为，城市规划专业

需要新一代富有远见卓识的人，他们幻想着更好的世界，他们能够设计维持这个更好世界的手段。总而言之，富有远见是规划的本质：视觉化理想的未来社区，为了把理想变为现实而工作。我们的城市非常需要远见卓识，因为青年男女要做这种富有远见的人，所以他们继续进入城市规划专业，把城市规划专业恢复到它的历史使命上去。[6]

正如前面提到的那样，这篇文章是有争议的。我欣赏随之而来的争论（印制出来的争议和若干会议的小组会上所展开的争议），以及从我邮箱里取回那些短小但充满激情的信件。有些信件是很支持我的观点的，希望确认我所说的富有远见的精神依然在许多规划师的心中存在着。另外一些信件提出了那篇文章中的问题。例如，一位著名的首席规划师提出，我们几乎不需要"新一代富有远见的人"，"我们需要承诺创新的规划师，我们需要能够使用规划技能和技巧解决问题的规划师，我们需

要认识到无效率是错误和认识到证明更为有效的策略和战术的规划师。"[7]

有几次我发现，在会议小组上我面对这些信件的撰写者，从而给了我们深入讨论这个问题的机会。我的反应是（现在依然是）询问：有效的朝向什么目的？我也要规划有效率，我也要创新。然而，我认为，除非有效率的概念与一个改善城市社会的明确远景相结合，否则有效率的概念就是没有意义的。仅仅建立起政治家的有效率概念或开发商的有效率概念还不够。规划师担负着责任，提高公众对未来可能性的认识水平，提高公众对于我们社区有能力变成什么的认识水平；我们有责任帮助社区弄清他们希望的未来，帮助他们实现它。[8]我反对把规划师分为富有远见的规划师和作为技术专家而具体做事的规划师。这两个角度相互补充，如果我们只是建立其中的一种，就不构成一个完整的专业（我应该再说一点，有一次我和我的争议对方在完整表达了我们各自对这个问题的看法后发现，我们的立场其实比我们想象的要近的多）。

对我的文章的另外一个反应提出，现实中，远景从来都不是规划专业本身的一个突出特征，规划师历史上一直都是远景的消费者和实施者，而把远景的创造留给别人去完成。这个争议的提出者询问，埃伯尼泽·霍华德（Ebenezer Howard）、帕特里克·格迪斯（Patrick Geddes）、丹尼尔·伯纳姆、本顿·麦凯（Benton Meckeye）、弗雷德里克·劳·奥姆斯特德、雷克斯福德·盖伊·特格韦尔、路易斯·芒福德（Levns Mumford）、罗伯特·摩西（Robert Moses）做了些什么？回答是：他们都是富有远见的人，他们对我们的城市和区域规划都有着重大影响，他们中没有一个人是规划专业的成员。我们追逐他们的远景，实际上，我们一直依赖这些远景为生，然而，它们是建筑师、景观建筑师、工程师、地理学家等的远景，而不是规划师的远景。

我们应该介意这一意见吗？我不认为如此。在一个意义上归根结底讲，把规划看作一个社会功能比把规划看成一种职业更富有成果；成千上万的美国人作为规划师在工作着，无论他们有这个头衔或没有这个头衔，属于或不属于规划专业组织，归根结底无关紧要。[9]当然，这个名单的确也是不完整的；城市规划专业当然有许多它自己的富有远见卓识的人。但是，最重要的是这样一个事实，远见卓识观念的来源真是没有什么关系。真正的问题是，作为专业人员，我们如何与这种观念相互作用和使用它们，我们在什么程度上与其他相关的群体和个人联合起来，以集体的努力解决我们的问题，创造一个更好的未来。简言之，成为一个具有远见卓识的人并不要求这个人是远景的创造者。

一个具有远见卓识的人不一定是远景的创造者意味着什么？对我 1988 年这篇文章的一个批判是，我没有给远景这个术语下定义。我不过是假定（这个假定似乎很幼稚），这是每一个人凭直觉都能够理解的概念之一。这是当我使用远景这个术语时，远景这个术语的意思。

在最一般的意义上讲，我使用远景这个术语表示一个相互关联的诸种目标的系统。对于规划师来讲，目标表述了我们希望在许多功能领域，土地使用、交通、城市经济、城市环境、美、社会问题等看到的事物的未来状态。把所有这些目标结合在一起，保证它们相互协调，形成这些目标综合而成的那种社区的概念，从而开始产生这个社区在未来应该如何的远景。这个远景把人们对个别问题的思考集中起来。实际上，一个社区范围远景的目的在某些方面类似于社区的综合规划；评估这种规划的一个标准是，评估它们传递社区未来明确远景的有效性。

当然，要想形成一个积极意义的远景，就不能简单地仅有一个相互关联的目标系统就可以的，还要有若干一般的态度、方向和行为性状。在我看来，从事实际规划工作的规划师需要了解以下方面。

● 远景意味着有一个长期的角度。其他专业通常都不寻求许多年后事物的状态；这个空白需要填补，而规划师明显是完成这一工作的人选。

● 远景意味着，对预测城市的未来不是很感兴趣，而是更有兴趣创造城市的未来。例如，在标准的人口和经济预测上，有些东西几乎是与规划对立的。标准的人口和经济预测的基本意义是回答这样的问题："在没有有计划的干预条件下，这里可能会发生什么？"但是，具有远见的规划师在得到这种回答后会问："我们想要这里出现什么？"然后："我们如何让我们想要的事物发生？"

● 远景意味着，在思考什么可能发生和规划如何让它出现的过程中包括尽可能多的个人和群体。有效的前瞻者并不是特立独行的；他们知道如何以有意义的方式把公众加入进来。应该特别努力地发现具有创造性的人力资源，把他们的创造性才智用来建设一个更好的社区。

● 远景意味着立足我们社区生活质量的所有方面，而不只是落脚在经济底线上。

● 远景意味着，创造性和有效地处理公平的问题，保证一个社区的所有居民获得了他们所需要的资源，有机会自我实现。

● 最后，重申前面已经提到过的一个观点，远景意味着，具有一个强有力的和特别明确的良好社区的概念。

思考城市范围的或区域范围远景的项目，当然一直都是地方规划由来已久的传统。我猜测，好几百个（如果不说好几千个）这类思考远景的项目已经完成了。[10]这些项目所采用的方法、地方政治家和权势人物的承诺、市民参与的程度，以及在项目结束后市民影响的性质和持续时间，都是存在很大差异的。但是，一般来讲，这类项目的长期影响一直都倾向于极小；这类项目通常是一锤子买卖，创造了一时的轰动，许多年后，完全销声匿迹了。不久以前，我所在的城市曾经同时有过三个这类项目，分别由市政府、商会和一个地方称之为"好政府"的组织资助。所有三个项目都进行的很好，但是，它们之间完全没有协调，所有三个项目在完成之后的6个月里都消失了，没有人还记得。此后不久，这个地区的区域规划组织承担了一个更为雄心勃勃的远景项目；尽管人们开始时对此给予了很好的希望，而且轰轰烈烈，但是，最终消失殆尽，没有任何持续性影响。我怀疑，这些经历对于我所在区域是很特别的。

我认为，我们汲取的教训是，如果把远景设想看成一个特殊的、一次性的活动，那么。远景设想几乎不会有什么影响。相反，远景设想必须与日常进行的地方规划过程结合在一起。但是，如果还有许多事情需要占用规划师们的时间和资源，规划师们真的能做些什么呢？

如何成为一个富有远见卓识的人，还能保持自己的工作岗位

城市规划（我想，以及相关的许多分支）在 20 世纪 80 年代期间，经历了很大的变化。整个美国改变了依靠政府解决重大社会问题的方向；里根行政当局所采用的（但是，几乎不是有它引起的）美国方式正在削减公共服务，提高私人的和自我的服务。肯尼迪总统的名言"问问你自己为你的国家做了些什么"已经改变成"这个国家有什么是为我的？"除开这种变革的其他影响外，这个范式让规划专业更难以维持规划曾经有过的远见卓识、理想主义的精神，甚至乌托邦的精神。远景市场似乎正在衰退中。

针对单一问题的政治正在发展，从一般意义上（从税收这个特定意义上），对政府采取的敌对情绪迫使关键公共服务的私有化，对土地使用控制和管理的敌对情绪日益增长，把公共服务推崇为一种职业的看法也从总体上衰退了，这些因素和其他一些力量结合起来，形成了这样一种气候，已经不十分支持政府主导的规划的强有力的作用。当然不只是城市规划一种职业面临困境；我从公共行政管理者、社会工作者、公共卫生专业人士、公立学校的教育者、社会治安官员和其他一些人那里听到了类似的看法。20 世纪的最后 20 年，相对于美国的历史来讲，在任何专业上做到有远见卓识，十有八九都不是特别好的时期。

因为这种情况，对规划师以及其他一些人来讲，放弃富有远见的观点一直都是

富有诱惑力的。无论是在城市政府、县政府、州政府，还是在大学里就业，我们中的许多人都发现，我们自己陷入了日常的压力和危机之中不能自拔，努力保护我们日趋萎缩的资源。在这种情况下，有这样一种深入挖掘和集中到关键功能上的自然倾向，如果你愿意的话，可以称深入挖掘和集中到关键功能上的生存本能，我们认为，这些关键功能将维持很少一点点我们能够依靠的政治支撑。这样，我们从项目到项目，步履蹒跚，而不再或很少关注应该指导我们工作的全局性远景(约吉·贝拉的名言，"如果我们不了解要去的那个地方，我们就要小心了，因为我们可能到不了那里。"这对于没有远见的规划来讲，是一条很好的警示)。我们应该抵制这些诱惑和倾向。规划的远景部分太重要了，我们不能忽视它。它也并不是很难做到的。

在1988年发表那篇文章之后，在一次分组会上，我发现我与一个县的首席规划师相遇了，她对我强调远景的观点表示很怀疑。她说（我凭记忆复述），"如果我被看成是一个幻想家，我就没工作了。我的雇主要我成为一个刻板的现实主义者，而不是一个不切实际的幻想者。简单地讲，我负担不起做远景规划的工作。"理由足够充分了。但是，我的反应是问她，她是否对她的县10年后应该像什么有某种看法。"当然有"，这就是她当时的回答。这正是我所说的远景；按照我的定义，她就是一个有远见的人。没有必要在一个人的前额上贴一个"V"符，或标榜自己或一项活动是有远见的；实际上，我同意，不了解要去的那个地方，径直走下去，常常是不正常的。按照约吉的理由，有一个我们打算去那里的感觉就够了；随后，仅仅在此之后，我们才能发展出到达那里的方式。

远景规划并不需要是一个在史诗般尺度上展开的宏大过程。相反，远景规划是一种精神，这种精神应该启迪规划师所从事的全部工作。西尔维亚·刘易斯（Sylvia Lewis）有关科罗拉多州博尔德城的文章，"说不去蔓延的城市"，提供了一个例子。博尔德市前首席规划师，比尔·拉蒙特（Bill Lamont）就这个城市成功（在那个时间）控制了增长而接受了采访，他说，"在博尔德，当我们实施'增长管理'时，我以为远景规划就是综合规划101。我们把所有的片段结合起来，推出一个特定城市的远景来。"[11] 我认为，这个说法不错。

最近参加我的研究生课程的一名学生凯文·肯尼迪（Kevin Kennedy）接近于这样做了，但是，在他的学期论文上，他写道："我把规划师看成理想和梦想的卫士，理想和梦想把它们的安全委托给了规划师。几乎任何一个人都能管理法规，但是，没有几个人能够管理远景。"[12] 我认为，美国的城市规划师就是这为数不多的几个能够管理远景的人。管理远景是我们规划专业的遗产，我们有理由维持它的存在。我确信，我们会继续带着我们的忠诚、富于同情心和特点，发挥管理远景的作用。

★ 注释 ★

1. Michael P. Brooks, "Four Critical Junctures in the History of the Urban Planning Profession: An Exercise in Hindsight," *Journal of the American Planning Association*, Vol. 54, No. 2 (Spring 1988), pp. 241–248.

2. Ibid., p. 246. It is worth noting that one critic took me to task for using the word *soul* in this passage, arguing that it sounded too "theological." I have since considered other terms—*ethos, culture,* and so forth—but have finally concluded that, in my view, professions do indeed "got soul"—or at least they should.

3. Donald A. Krueckeberg, ed., *The American Planner: Biographies and Recollections* (New York: Methuen, 1983), p. 1.

4. Norman Krumholz, "A Retrospective View of Equity Planning: Cleveland 1969–1979," *Journal of the American Planning Association*, Vol. 48, No. 2 (Spring 1982); reprinted in *Introduction to Planning History in the United States*, ed. Donald A. Krueckeberg (New Brunswick, N.J.: Center for Urban Policy Research, Rutgers University, 1983), p. 275.

5. Brooks, "Four Critical Junctures," p. 246.

6. Ibid.

7. Bruce W. McClendon, letter to author, April 13, 1988.

8. For a related discussion, see Richard C. Bernhardt, "The Ten Habits of Highly Effective Planners," in *Planners on Planning: Leading Planners Offer Real-Life Lessons on What Works, What Doesn't, and Why*, ed. Bruce W. McClendon and Anthony James Catanese (San Francisco: Jossey-Bass Publishers, 1996), p. 45.

9. "If the label 'planning' is attached to your office, you probably don't do much of it," wrote the public policy theorist Bertram Gross in 1967, tongue only partly in cheek. His point was simply that most of the important planning in our nation was being carried out not by professional planners but by the elected officials, bureaucrats, business and professional leaders, and others who occupied positions that enabled them to "get things done." See "The City of Man: A Social Systems Reckoning," in *Environment for Man: The Next Fifty Years*, ed. William R. Ewald Jr. (Bloomington: Indiana University Press, 1967), p. 154.

10. The literature about such programs is vast. A brief but useful guide to the planning and assessment of such programs is William R. Klein's "Visions of Things to Come," *Planning*, Vol. 60, No. 9 (May 1993), p. 10.

11. Sylvia Lewis, "The Town That Said No to Sprawl," *Planning*, Vol. 55, No. 4 (April 1990), p. 19. Emphasis added.

12. Kevin Kennedy, term paper, Internship Seminar, Department of Urban Studies and Planning, Virginia Commonwealth University, April 2000.

参考文献

Alexander, Ernest R. "After Rationality, What? A Review of Responses to Paradigm Breakdown," *Journal of the American Planning Association*, Vol. 50, No. 1, Winter 1984.

————. *Approaches to Planning: Introducing Current Planning Theories, Concepts, and Issues*, 2nd ed., Philadelphia, Gordon and Breach, 1992.

————. "If Planning Isn't Everything, Maybe It's Something," *Town Planning Review*, Vol. 52, No. 2, April 1981.

Altshuler, Alan A. *The City Planning Process: A Political Analysis*, Ithaca, N.Y., Cornell University Press, 1965.

Arrow, Kenneth J. "Mathematical Models in the Social Sciences," in *The Policy Sciences*, edited by Daniel Lerner and Harold D. Lasswell, Stanford, Stanford University Press, 1951.

————. *Social Choice and Individual Values*, 2nd ed., New York, John Wiley & Sons, 1963.

Baer, William C. "General Plan Evaluation Criteria," *Journal of the American Planning Association*, Vol. 63, No. 3, Summer 1997.

Banfield, Edward C. "Ends and Means in Planning," *International Social Science Journal*, Vol. 11, 1959.

————. *Political Influence*, New York, The Free Press of Glencoe, 1961.

Barnard, Chester I. *Organization and Management*, Cambridge, Mass., Harvard University Press, 1948.

Barrett, Carol D. "Planners in Conflict," *Journal of the American Planning Association*, Vol. 55, No. 4, Autumn 1989.

Bassin, Arthur. "Does Capitalist Planning Need Some Glasnost?" *Journal of the American Planning Association*, Vol. 56, No. 2, Spring 1990.

Batty, Michael. "A Chronicle of Scientific Planning: The Anglo-American Modeling Experience," *Journal of the American Planning Association*, Vol. 60, No. 1, Winter 1994.

Baum, Howell, S. "Politics in Planners' Practice," in *Strategic Perspectives on Planning Practice*, edited by Barry Checkoway, Lexington, Mass., Lexington Books, 1986.

————. "Practicing Planning Theory in a Political World," in *Explorations in Planning Theory*, edited by Seymour J. Mandelbaum, Luigi Mazza, and Robert W. Burchell, New Brunswick, N.J., Center for Urban Policy Research, Rutgers University, 1996.

————. "Social Science, Social Work, and Surgery: Teaching What Students Need to Practice Planning," *Journal of the American Planning Association*, Vol. 63, No. 2, Spring 1997.

————. "Why the Rational Paradigm Persists: Tales from the Field," *Journal of Planning Education and Research*, Vol. 15, No. 2, Winter 1996.

————. "Teaching Practice," *Journal of Planning Education and Research*, Vol. 17, No. 1, Fall 1997.

Baumol, William J. *Economic Theory and Operations Analysis*, 2nd ed., Englewood Cliffs, N.J., Prentice-Hall, 1965.

Bayne, Patricia. "Generating Alternatives: A Neglected Dimension in Planning

Theory," *Town Planning Review*, Vol. 66, No. 3, July 1995.

Beauregard, Robert A. "Between Modernity and Postmodernity: The Ambiguous Position of U.S. Planning," in *Readings in Planning Theory*, edited by Scott Campbell and Susan S. Fainstein, Cambridge, Mass., Blackwell Publishers, 1996.

———. "Bringing the City Back In," *Journal of the American Planning Association*, Vol. 56, No. 2, Spring 1990.

———. "Edge Critics," *Journal of Planning Education and Research*, Vol. 14, No. 3, Spring 1995.

Benveniste, Guy. *Mastering the Politics of Planning*, San Francisco, Jossey-Bass Publishers, 1989.

Bernhardt, Richard C. "The Ten Habits of Highly Effective Planners," in *Planners on Planning: Leading Planners Offer Real-Life Lessons on What Works, What Doesn't, and Why*, edited by Bruce W. McClendon and Anthony James Catanese, San Francisco, Jossey-Bass Publishers, 1996.

Black, Alan. "The Chicago Area Transportation Study: A Case Study of Rational Planning," *Journal of Planning Education and Research*, Vol. 10, No. 1, Fall 1990.

Blanco, Hilda. "Community and the Four Jewels of Planning," in *Planning Ethics: A Reader in Planning Theory, Practice, and Education*, edited by Sue Hendler, New Brunswick, N.J., Center for Urban Policy Research, Rutgers University, 1995.

———. *How to Think about Social Problems: American Pragmatism and the Idea of Planning*, Westport, Conn., Greenwood Press, 1994.

Bolan, Richard S. "Emerging Views of Planning," *Journal of the American Institute of Planners*, Vol. 33, July 1967.

———. "The Structure of Ethical Choice in Planning Practice," in *Ethics in Planning*, edited by Martin Wachs, New Brunswick, N.J., Center for Urban Policy Research, Rutgers University, 1985.

Boles, Gene. "The Principles of Community Alignment and Empowerment," in *Planners on Planning: Leading Planners Offer Real-Life Lessons on What Works, What Doesn't, and Why*, edited by Bruce W. McClendon and Anthony James Catanese, San Francisco, Jossey-Bass Publishers, 1996.

Branch, Melville C. *Comprehensive Planning for the 21st Century: General Theory and Principles*, Westport, Conn., Praeger, 1998.

Braybrooke, David, and Charles E. Lindblom. *A Strategy of Decision: Policy Evaluation as a Social Process*, New York, The Free Press, 1963.

Brooks, Michael P. "The City May Be Back In, But Where Is the Planner?" *Journal of the American Planning Association*, Vol. 56, No. 2, Spring 1990.

———. "Four Critical Junctures in the History of the Urban Planning Profession: An Exercise in Hindsight," *Journal of the American Planning Association*, Vol. 54, No. 2, Spring 1988.

———. "Getting Goofy in Virginia: The Politics of Disneyfication," *Planning 1997: Contrasts and Transitions*, Proceedings of the American Planning Association National Planning Conference, edited by Bill Pable and Bruce McClendon, pp. 691–722. San Diego, Calif., April 5–9, 1997.

———. "Planning and Political Power: Toward a Strategy for Coping," in *Explorations in Planning Theory*, edited by Seymour J. Mandelbaum, Luigi Mazza, and Robert W. Burchell, New

Brunswick, N.J., Center for Urban Policy Research, Rutgers University, 1996.

———. "A Plethora of Paradigms?" *Journal of the American Planning Association*, Vol. 59, No. 2, Spring 1993.

———. *Social Planning and City Planning*, Chicago, American Society of Planning Officials, Planning Advisory Service Report No. 261, September 1970.

Bryson, John M. *Strategic Planning for Public and Nonprofit Organizations: A Guide to Strengthening and Sustaining Organizational Achievement*, rev. ed., San Francisco, Jossey-Bass Publishers, 1995.

Bryson, John M., and William D. Roering. "Applying Private-Sector Strategic Planning in the Public Sector," *Journal of the American Planning Association*, Vol. 53, No. 1, Winter 1987.

Brzozowski-Gardner, Carol. "Insiders' Edition," *Planning*, Vol. 62, No. 11, November 1996.

Campbell, Scott, and Susan S. Fainstein. "Introduction: The Structure and Debates of Planning Theory," in *Readings in Planning Theory*, edited by Scott Campbell and Susan S. Fainstein, Cambridge, Mass., Blackwell Publishers, 1996.

Campbell, Scott, and Susan S. Fainstein, eds. *Readings in Planning Theory*, Cambridge, Mass., Blackwell Publishers, 1996.

Catanese, Anthony James. *Planners and Local Politics: Impossible Dreams*, Beverly Hills, Sage Publications, 1974.

———. *The Politics of Planning and Development*, Beverly Hills, Sage Publications, 1984.

Checkoway, Barry. "Paul Davidoff and Advocacy Planning in Retrospect," *Journal of the American Planning Association*, Vol. 60, No. 2, Spring 1994.

———. "Political Strategy for Social Planning," in *Strategic Perspectives on Planning Practice*, edited by Barry Checkoway, Lexington, Mass., Lexington Books, 1986.

Christensen, Karen S. "Teaching Savvy," *Journal of Planning Education and Research*, Vol. 12, No. 3, Spring 1993.

Clavel, Pierre. *The Progressive City*, New Brunswick, N.J., Rutgers University Press, 1986.

Dahl, Robert. *Who Governs? Democracy and Power in the American City*, New Haven, Conn., Yale University Press, 1961.

Dahl, Robert A., and Charles E. Lindblom. *Politics, Economics, and Welfare: Planning and Politico-Economic Systems Resolved into Basic Social Processes*, New York, Harper & Row, 1953.

Dalton, Linda C. "Why the Rational Paradigm Persists: The Resistance of Professional Education and Practice to Alternative Forms of Planning," *Journal of Planning Education and Research*, Vol. 5, No. 3, Spring 1986.

Davidoff, Paul. "Advocacy and Pluralism in Planning," *Journal of the American Institute of Planners*, Vol. 31, No. 4, November 1965.

Davidoff, Paul, and Thomas A. Reiner. "A Choice Theory of Planning," *Journal of the American Institute of Planners*, Vol. 28, May 1962.

Davis, Linda L. "Guidelines for Survival and Success," in *Planners on Planning: Leading Planners Offer Real-Life Lessons on What Works, What Doesn't, and Why*, edited by Bruce W. McClendon and Anthony James Catanese, San Francisco, Jossey-Bass Publishers, 1996.

de Neufville, Judith Innes. "Planning Theory and Practice: Bridging the Gap," *Journal of Planning Education and Research*, Vol. 3, No. 1, Summer 1983.

Dror, Yehezkel. *Public Policymaking Reexamined*, San Francisco, Chandler Publishing Company, 1968.

Echeverria, John, and Sharon Dennis. "Takings Policy: Property Rights and Wrongs," *Issues in Science and Technology*, Fall 1993.

Etzioni, Amitai. *The Active Society: A Theory of Societal and Political Processes*, New York, The Free Press, 1968.

———. "Mixed Scanning: A 'Third' Approach to Decision-Making," *Public Administration Review*, Vol. 27, December 1967.

———. *The Spirit of Community: Rights, Responsibilities, and the Communitarian Agenda*, New York, Crown Publishers, 1993.

Fainstein, Norman I., and Susan S. Fainstein. "New Debates in Urban Planning: the Impact of Marxist Theory within the United States," in *Critical Readings in Planning Theory*, edited by Chris Paris, Oxford, Pergamon Press, 1982.

Fainstein, Susan S. "The Politics of Criteria: Planning for the Redevelopment of Times Square," in *Confronting Values in Policy Analysis: The Politics of Criteria*, edited by Frank Fischer and John Forester, Newbury Park, Calif., Sage Publications, 1987.

Ferraro, Giovanni. "Planning As Creative Interpretation," in *Explorations in Planning Theory*, edited by Seymour J. Mandelbaum, Luigi Mazza, and Robert W. Burchell, New Brunswick, N.J., Center for Urban Policy Research, Rutgers University, 1996.

Flyvbjerg, Bent. *Rationality and Power: Democracy in Practice*, Chicago, University of Chicago Press, 1998.

Foglesong, Richard. "Planning for Social Democracy," *Journal of the American Planning Association*, Vol. 56, No. 2, Spring 1990.

Foley, John, and Mickey Lauria. "Plans, Planning and Tragic Choices," Working Paper Number 62, College of Urban and Public Affairs, University of New Orleans, n.d.

Forester, John. "Bridging Interests and Community: Advocacy Planning and the Challenges of Deliberative Democracy," *Journal of the American Planning Association*, Vol. 60, No. 2, Spring 1994.

———. "Critical Theory and Planning Practice," *Journal of the American Planning Association*, Vol. 46, No. 3, July 1980.

———. *Critical Theory, Public Policy, and Planning Practice: Toward a Critical Pragmatism*, Albany, State University of New York Press, 1993.

———. *Planning in the Face of Power*, Berkeley, University of California Press, 1989.

Friedmann, John. "The Public Interest and Community Participation: Toward a Reconstruction of Public Philosophy," *Journal of the American Institute of Planners*, Vol. 39, No. 1, January 1973.

———. "Teaching Planning Theory," *Journal of Planning Education and Research*, Vol. 14, No. 3, Spring 1995.

———. "Toward a Non-Euclidian Mode of Planning," *Journal of the American Planning Association*, Vol. 59, No. 4, Autumn 1993.

Gans, Herbert J. *People and Plans: Essays on Urban Problems and Solutions*, New York, Basic Books, 1968.

Garvin, Alexander. *The American City: What Works, What Doesn't*, New York, McGraw-Hill, 1996.

———. "A Mighty Turnout in Baton Rouge," *Planning*, Vol. 64, No. 10, October 1998.

George, R. Varkki. "Formulating the

Right Planning Problem," *Journal of Planning Literature,* Vol. 8, No. 3, February 1994.

Godschalk, David R., and William E. Mills. "A Collaborative Approach to Planning through Urban Activities," *Journal of the American Institute of Planners,* Vol. 32, March 1966.

Gondim, Linda. "Planning Practice within Public Bureaucracy: A New Perspective on Roles of Planners," *Journal of Planning Education and Research,* Vol. 7, No. 3, Spring 1988.

Graivier, Pauline. "How to Speak So People Will Listen," *Planning,* Vol. 58, No. 12, December 1992.

Grant, Jill. *The Drama of Democracy: Contention and Dispute in Community Planning,* Toronto, University of Toronto Press, 1994.

Gross, Bertram M. "The City of Man: A Social Systems Reckoning," in *Environment for Man: The Next Fifty Years,* edited by William R. Ewald Jr., Bloomington, Indiana University Press, 1967.

Hall, Peter. "The Turbulent Eighth Decade: Challenges to American City Planning," *Journal of the American Planning Association,* Vol. 55, No. 3, Summer 1989.

Harper, Thomas L., and Stanley M. Stein. "A Classical Liberal (Libertarian) Approach to Planning Theory," in *Planning Ethics: A Reader in Planning Theory, Practice, and Education,* edited by Sue Hendler, New Brunswick, N.J., Center for Urban Policy Research, Rutgers University, 1995.

Harvey, David. "On Planning the Ideology of Planning," in *Planning Theory in the 1980s: A Search for Future Directions,* edited by Robert W. Burchell and George Sternlieb, New Brunswick, N.J., Center for Urban

Policy Research, Rutgers University, 1978.

Hatch, C. Richard. "Some Thoughts on Advocacy Planning," *The Architectural Forum,* Vol. 128, June 1968.

Hayek, F. A. *The Counter-Revolution of Science: Studies on the Abuse of Reason,* New York, The Free Press of Glencoe, 1955.

Hayes, Michael T. *Incrementalism and Public Policy,* New York, Longman, 1992.

Healey, Patsy. "A Planner's Day: Knowledge and Action in Communicative Practice," *Journal of the American Planning Association,* Vol. 58, No. 1, Winter 1992.

Helling, Amy. "Collaborative Visioning: Proceed with Caution! Results from Evaluating Atlanta's Vision 2020 Project," *Journal of the American Planning Association,* Vol. 64, No. 3, Summer 1998.

Hemmens, George. "The Postmodernists Are Coming, the Postmodernists Are Coming," *Planning,* Vol. 58, No. 7, July 1992.

Hendler, Sue. "Feminist Planning Ethics," *Journal of Planning Literature,* Vol. 9, No. 2, November 1994.

Hoch, Charles. *What Planners Do: Power, Politics, and Persuasion,* Chicago, Planners Press, 1994.

Howe, Elizabeth. *Acting on Ethics in City Planning,* New Brunswick, N.J., Center for Urban Policy Research, Rutgers University, 1994.

———. "Normative Ethics in Planning," *Journal of Planning Literature,"* Vol. 5, No. 2, November 1990.

———. "Professional Roles and the Public Interest in Planning," *Journal of Planning Literature,* Vol. 6, No. 3, February 1992.

———. "Role Choices for Planners," *Journal of the American Planning Association*, Vol. 46, No. 4, October 1980.

Howe, Elizabeth, and Jerry Kaufman. "The Ethics of Contemporary American Planners," *Journal of the American Planning Association*, Vol. 45, No. 3, July 1979.

Hunter, Floyd. *Community Power Structure: A Study of Decision-Makers*, Chapel Hill, University of North Carolina Press, 1953.

Innes, Judith E. "Challenge and Creativity in Postmodern Planning," *Town Planning Review*, Vol. 69, No. 2, April 1998.

———. "Information in Communicative Planning," *Journal of the American Planning Association*, Vol. 64, No. 1, Winter 1998.

———. "The Planners' Century," *Journal of Planning Education and Research*, Vol. 16, No. 3, Spring 1997.

———. "Planning Theory's Emerging Paradigm: Communicative Action and Interactive Practice," *Journal of Planning Education and Research*, Vol. 14, No. 3, Spring 1995.

———. "Planning through Consensus Building: A New View of the Comprehensive Planning Ideal," *Journal of the American Planning Association*, Vol. 62, No. 4, Autumn 1996.

Innes, Judith E., and David E. Booher. "Consensus Building and Complex Adaptive Systems: A Framework for Evaluating Collaborative Planning," *Journal of the American Planning Association*, Vol. 65, No. 4, Autumn 1999.

Irving, Allan. "The Modern/Postmodern Divide and Urban Planning," *University of Toronto Quarterly*, Vol. 62, No. 4, Summer 1993.

Jacobs, Harvey M. "Contemporary Environmental Philosophy and Its Challenge to Planning Theory," in *Planning Ethics: A Reader in Planning Theory, Practice, and Education*, edited by Sue Hendler, New Brunswick, N.J., Center for Urban Policy Research, Rutgers University, 1995.

Johnson, William C. *Urban Planning and Politics*, Chicago, Planners Press, 1997.

Kaiser, Edward J., and David R. Godschalk. "Twentieth Century Land Use Planning: A Stalwart Family Tree," *Journal of the American Planning Association*, Vol. 61, No. 3, Summer 1995.

Kaplan, Abraham. "Some Limitations on Rationality," in *Nomos VII: Rational Decision*, edited by Carl J. Friedrich, New York, Atherton Press, 1964.

Kaplan, Marshall. "Advocacy and the Urban Poor," *Journal of the American Institute of Planners*, Vol. 35, No. 1, March 1969.

Kaufman, Jerome L. "Making Planners More Effective Strategists," in *Strategic Perspectives on Planning Practice*, edited by Barry Checkoway, Lexington, Mass., Lexington Books, 1986.

Kaufman, Jerome L., and Harvey M. Jacobs. "A Public Planning Perspective on Strategic Planning," *Journal of the American Planning Association*, Vol. 53, No. 1, Winter 1987.

Kennedy, Kevin. Term Paper, Internship Seminar, Department of Urban Studies and Planning, Virginia Commonwealth University, April 2000.

Klein, William R. "Visions of Things to Come," *Planning*, Vol. 60, No. 9, May 1993.

Klosterman, Richard E. "A Public Interest Criterion," *Journal of the American Planning Association*, Vol. 46, No. 3, July 1980.

———. "Arguments for and Against Planning," in *Readings in Planning*

Theory, edited by Scott Campbell and Susan S. Fainstein, Cambridge, Mass., Blackwell Publishers, 1996.

Kraushaar, Robert. "Outside the Whale: Progressive Planning and the Dilemmas of Radical Reform," *Journal of the American Planning Association*, Vol. 54, No. 1, Winter 1988.

Krueckeberg, Donald A., ed. *The American Planner: Biographies and Recollections*, New York, Methuen, 1983.

———. *The American Planner: Biographies and Recollections*, 2nd ed., New Brunswick, N.J., Center for Urban Policy Research, Rutgers University, 1994.

———. *Introduction to Planning History in the United States*, New Brunswick, N.J., Center for Urban Policy Research, Rutgers University, 1983.

Krumholz, Norman. "Advocacy Planning: Can It Move the Center?" *Journal of the American Planning Association*, Vol. 60, No. 2, Spring 1994.

———. "A Retrospective View of Equity Planning: Cleveland 1969–1979," *Journal of the American Planning Association*, Vol. 48, No. 2, Spring 1982. Reprinted in *Introduction to Planning History in the United States*, edited by Donald A. Krueckeberg, New Brunswick, N.J., Center for Urban Policy Research, Rutgers University, 1983.

Krumholz, Norman, and John Forester. *Making Equity Planning Work: Leadership in the Public Sector*, Philadelphia, Temple University Press, 1990.

Leach, John. "Seven Steps to Better Writing," *Planning*, Vol. 59, No. 6, June 1993.

Leavitt, Jacqueline. "Feminist Advocacy Planning in the 1980s," in *Strategic Perspectives on Planning Practice*, edited by Barry Checkoway, Lexington, Mass., Lexington Books, 1986.

Lee, Kai N. *Compass and Gyroscope: Integrating Science and Politics for the Environment*, Washington, D.C., Island Press, 1993.

Levy, John M. *Contemporary Urban Planning*, 4th ed., Upper Saddle River, N.J., Prentice-Hall, 1997.

Lewis, Sylvia. "The Town That Said No to Sprawl," *Planning*, Vol. 55, No. 4, April 1990.

Lindblom, Charles E. *The Intelligence of Democracy: Decision Making through Mutual Adjustment*, New York, The Free Press, 1965.

———. "The Science of 'Muddling Through,'" *Public Administration Review*, Vol. 19, Spring 1959.

Lowry, Kem, Peter Adler, and Neal Milner. "Participating the Public: Group Process, Politics, and Planning," *Journal of Planning Education and Research*, Vol. 16, No. 3, Spring 1997.

Lucy, William H. "APA's Ethical Principles Include Simplistic Planning Theories," *Journal of the American Planning Association*, Vol. 54, No. 2, Spring 1988.

Mandelbaum, Seymour. "On Not Doing One's Best: The Uses and Problems of Experimentation in Planning," *Journal of the American Institute of Planners*, Vol. 41, No. 3, May 1975.

Marcuse, Peter. "Professional Ethics and Beyond: Values in Planning," in *Ethics in Planning*, edited by Martin Wachs, New Brunswick, N.J., Center for Urban Policy Research, Rutgers University, 1985.

Marris, Peter. "Advocacy Planning As a Bridge Between the Professional and the Political," *Journal of the American Planning Association*, Vol. 60, No. 2,

Spring 1994.

McConnell, Shean. "Rawlsian Planning Theory," in *Planning Ethics: A Reader in Planning Theory, Practice, and Education*, edited by Sue Hendler, New Brunswick, N.J., Center for Urban Policy Research, Rutgers University, 1995.

McDougall, Glen. "The Latitude of Planners," in *Explorations in Planning Theory*, edited by Seymour J. Mandelbaum, Luigi Mazza, and Robert W. Burchell, New Brunswick, N.J., Center for Urban Policy Research, Rutgers University, 1996.

———. "Theory and Practice: A Critique of the Political Economy Approach to Planning," in *Planning Theory: Prospects for the 1980s*, edited by Patsy Healey, Glen McDougall, and Michael J. Thomas, Oxford, Pergamon Press, 1982.

Metzger, John T. "The Theory and Practice of Equity Planning: An Annotated Bibliography," *Journal of Planning Literature*, Vol. 11, No. 1, August 1996.

Meyerson, Martin. "Building the Middle-Range Bridge for Comprehensive Planning," *Journal of the American Institute of Planners*, Vol. 22, No. 2, Spring 1956.

Meyerson, Martin, and Edward G. Banfield. *Politics, Planning and the Public Interest*, Glencoe, Ill., The Free Press, 1955.

Milroy, Beth Moore. "Into Postmodern Weightlessness," *Journal of Planning Education and Research*, Vol. 10, No. 3, Summer 1991.

Moore, Terry. "Planning without Preliminaries," *Journal of the American Planning Association*, Vol. 54, No. 4, Autumn 1988.

———. "Why Allow Planners to Do What They Do? A Justification from Economic Theory," *Journal of the American Institute of Planners*, Vol. 44, No. 4, October 1978.

Myers, Dowell, et al. "Anchor Points for Planning's Identification," *Journal of Planning Education and Research*, Vol. 16, No. 3, Spring 1997.

Neuman, Michael. "Planning, Governing, and the Image of the City," *Journal of Planning Education and Research*, Vol. 18, No. 1, Fall 1998.

Ozawa, Connie P., and Ethan P. Seltzer. "Taking Our Bearings: Mapping a Relationship among Planning Practice, Theory, and Education," *Journal of Planning Education and Research*, Vol. 18, No. 3, Spring 1999.

Patton, Carl. "Citizen Input and Professional Responsibility," *Journal of Planning Education and Research*, Vol. 3, No. 1, Summer 1983.

Rabinovitz, Francine. *City Politics and Planning*, New York, Atherton Press, 1969.

Rawls, John. *A Theory of Justice*, Cambridge, Mass., Harvard University Press, 1971.

Rittel, Horst W. J., and Melvin M. Webber. "Dilemmas in a General Theory of Planning," *Policy Sciences*, Vol. 4, 1973.

Rodriguez, Sergio. "How to Become a Successful Planner," in *Planners on Planning: Leading Planners Offer Real-Life Lessons on What Works, What Doesn't, and Why*, edited by Bruce W. McClendon and Anthony James Catanese, San Francisco, Jossey-Bass Publishers, 1996.

Rondinelli, Dennis A. "Urban Planning as Policy Analysis: Management of Urban Change," *Journal of the American Institute of Planners*, Vol. 39, No. 1, January 1973.

Sandercock, Leonie. "Voices from the Borderlands: A Meditation on a

Metaphor," *Journal of Planning Education and Research*, Vol. 14, No. 2, Winter 1995.

Sandercock, Leonie, and Ann Forsyth. "A Gender Agenda: New Directions for Planning Theory," *Journal of the American Planning Association*, Vol. 58, No. 1, Winter 1992.

Scott, A. J., and S. T. Roweis. "Urban Planning in Theory and Practice: A Reappraisal," *Environment and Planning A*, Vol. 9, No. 10, October 1977.

Scott, Mel. *American City Planning Since 1890*, Berkeley, University of California Press, 1971.

Simon, Herbert A. *Administrative Behavior*, 2nd ed., New York, The Macmillan Company, 1957.

———. *Models of Man*, New York, John Wiley & Sons, 1957.

Skjei, Stephen S. "Urban Problems and the Theoretical Justification of Urban Planning," *Urban Affairs Quarterly*, Vol. 11, No. 3, March 1976.

Starr, Roger. "Advocators or Planners?" *ASPO Newsletter*, Vol. 33, December 1967.

———. "Pomeroy Memorial Lecture: The People Are Not the City," *Planning 1966*, Selected Papers from the ASPO National Planning Conference, Philadelphia, Pennsylvania, April 17–21, 1966, Chicago, American Society of Planning Officials, 1966.

Stollman, Israel. "The Values of the City Planner," in *The Practice of Local Government Planning*, edited by Frank So, Israel Stollman, and Frank Beal, Washington D.C., International City Management Association, 1979.

Strong, Ann Louise, Daniel R. Mandelker, and Eric Damian Kelly. "Property Rights and Takings," *Journal of the*

American Planning Association, Vol. 62, No. 1, Winter 1996.

Susskind, Lawrence, and Connie Ozawa. "Mediated Negotiation in the Public Sector: The Planner As Mediator," *Journal of Planning Education and Research*, Vol. 4, No. 1, August 1984.

Susskind, Lawrence E., Sarah McKearnan, and Jennifer Thomas-Larmer, eds. *The Consensus Building Handbook: A Comprehensive Guide to Reaching Agreement*, Thousand Oaks, Calif., Sage Publications, 1999.

Talen, Emily. "After the Plans: Methods to Evaluate the Implementation Success of Plans," *Journal of Planning Education and Research*, Vol. 16, No. 2, Winter 1996.

Taylor, Nigel. "Mistaken Interests and the Discourse Model of Planning," *Journal of the American Planning Association*, Vol. 64, No. 1, Winter 1998.

———. *Urban Planning Theory Since 1945*, London, Sage Publications, 1998.

Tennenbaum, Robert. "Hail, Columbia," *Planning*, Vol. 56, No. 5, May 1990.

Throgmorton, James. "Learning through Conflict at Oxford," *Journal of Planning Education and Research*, Vol. 18, No. 3, Spring 1999.

Tibbetts, John. "Everybody's Taking the Fifth," *Planning*, Vol. 61, No. 1, January 1995.

Turow, Scott. "Law School v. Reality," *New York Times Magazine*, September 18, 1988.

Verma, Niraj. "Pragmatic Rationality and Planning Theory," *Journal of Planning Education and Research*, Vol. 16, No. 1, Fall 1996.

von Mises, Ludwig. *Omnipotent Government*, New Haven, Conn., Yale University Press, 1944.

Wachs, Martin, ed. *Ethics in Planning*, New Brunswick, N.J., Center for Urban Policy Research, Rutgers University, 1985.

———. "When Planners Lie with Numbers," *Journal of the American Planning Association*, Vol. 55, No. 4, Autumn 1989.

Wegener, Michael. "Operational Urban Models: State of the Art," *Journal of the American Planning Association*, Vol. 60, No. 1, Winter 1994.

Weiss, Andrew, and Edward Woodhouse. "Reframing Incrementalism: A Constructive Response to the Critics," *Policy Sciences*, Vol. 25, No. 3, August 1992.

Whyte, William H. *City: Rediscovering the Center*, New York, Doubleday, 1988.

Wildavsky, Aaron. "If Planning Is Everything, Maybe It's Nothing," *Policy Sciences*, Vol. 4, 1973.

Yiftachel, Oren. "Planning and Social Control: Exploring the Dark Side," *Journal of Planning Literature*, Vol. 12, No. 4, May 1998.

———. "Planning Theory at a Crossroad: The Third Oxford Conference," *Journal of Planning Education and Research*, Vol. 18, No. 3, Spring 1999.

Young, Robert. "Goals and Goal-Setting," *Journal of the American Institute of Planners*, Vol. 2, March 1966.

Zeckhauser, Richard, and Elmer Schaefer. "Public Policy and Normative Economic Theory," in *The Study of Policy Formation*, edited by Raymond A. Bauer and Kenneth J. Gergen, New York, The Free Press, 1968.

Zotti, Ed. "New Angles on Citizen Participation," *Planning*, Vol. 57, No. 1, January 1991.